科学的进程

人类在化学上的发现

文林 ◎ 主编

北京工业大学出版社

图书在版编目（CIP）数据

人类在化学上的发现 / 盛文林主编. -- 北京：北京工业大学出版社，2011.10（2021.5重印）
（科学的进程）
ISBN 978-7-5639-2881-1

Ⅰ.①人… Ⅱ.①盛… Ⅲ.①化学-普及读物 Ⅳ.①O6-49

中国版本图书馆CIP数据核字（2011）第213330号

科学的进程
人类在化学上的发现

| 主　　编：盛文林
| 责任编辑：刘鹏飞
| 封面设计：兰旗设计
| 出版发行：北京工业大学出版社
|　　　　　（北京市朝阳区平乐园100号　100124）
|　　　　　010-67391722（传真）　　bgdcbs@sina.com
| 出 版 人：郝　勇
| 经销单位：全国各地新华书店
| 承印单位：天津海德伟业印务有限公司
| 开　　本：787 mm×1092 mm　1/16
| 印　　张：11.5
| 字　　数：198千字
| 版　　次：2011年11月第1版
| 印　　次：2021年5月第2次印刷
| 标准书号：ISBN 978-7-5639-2881-1
| 定　　价：28.00元

版权所有　翻印必究
（如发现印装质量问题，请寄本社发行部调换 010-67391106）

前言

化学是重要的基础科学之一，在与物理学、生物学、自然地理学、天文学等学科的相互渗透中，得到了迅速的发展，同时也推动了其他学科和技术的发展。例如：核酸化学的研究成果使得生物学从细胞水平发展到今天的分子水平，从而建立了分子生物学；对地球、月球和其他星体的化学成分的分析，得出了元素分布的规律，发现了星际空间有简单化合物的存在，为天体演化学和现代宇宙学提供了实验数据，并丰富了自然辩证法的内容。

从开始认识火、利用火的原始社会，到使用各种人造物质的现代社会，人类都在享受着化学带给人类的各种便利条件。化学在保证人类的生存条件并不断提高人类的生活质量方面起着重要作用。例如：利用化学生产化肥和农药，以增加粮食产量；利用化学合成药物，以抑制细菌和病毒的繁殖，保障人体健康；利用化学开发新能源、新材料，以提升人类的生活质量；利用化学综合应用自然资源，保护环境以使人类生活得更加美好。

本书从人类认识火，并利用火来改善人类自身的生活水平开始，历数人类重大的化学发现，并简略阐述其发现对人类认识自然、改造自然的积极作用，旨在给读者一个清晰简明的化学发展脉络，有助于读者对化学进程有一个直观的认识。

Contents 目 录

早期实用化学

化学认识的开端——火的使用 …………………………………… 1

悠久的工艺——制陶业的出现 …………………………………… 3

化学的初步应用——造纸、火药、冶金、制丹 ………………… 4

物质结构的认识历程

物质本原的猜想——原子论的产生 ……………………………… 7

原子-分子概念的建立 …………………………………………… 10

原子结构的认识演变 ……………………………………………… 14

核外世界——电子及其排布 ……………………………………… 17

化合价理论的建立 ………………………………………………… 21

原子的运动 ………………………………………………………… 23

探索同分异构现象 ………………………………………………… 24

追踪化学元素的故事

元素概念的提出 …………………………………………………… 28

元素身份的证明 …………………………………………………… 30

金属元素的发现 …………………………………………………… 33

非金属元素的发现 ………………………………………………… 57

I

人工合成元素的开始 …………………………… 64
惰性气体的发现 ………………………………… 76
从元素到元素周期表 …………………………… 78
元素符号及其名称的变迁 ……………………… 82

不可见光线的探索

X射线 ……………………………………………… 87
铀射线 …………………………………………… 89
钋射线和镭射线 ………………………………… 90

无机化学的发现之路

氢气的发现 ……………………………………… 94
氧气的发现 ……………………………………… 95
水是一种化合物 ………………………………… 97
氮气的发现 ……………………………………… 99
笑气的发现 ……………………………………… 100
二氧化碳的发现 ………………………………… 101
臭氧的发现 ……………………………………… 103
无氧酸的认识 …………………………………… 104
捕捉丢掉的氨 …………………………………… 105
"神水"——芒硝的发现 ………………………… 106
紫罗兰与酸碱指示剂 …………………………… 107
火柴的发明 ……………………………………… 109
电池的发明 ……………………………………… 110
氯酸钾的意外获取 ……………………………… 113
带甜味的"油" …………………………………… 114
苦味炸药的获取 ………………………………… 115
建筑万能胶——水泥的来历 …………………… 116

炼铝工业的春天——助熔剂的发现 …………… 118
合成氨和硝酸的制取 ………………………… 121
超强酸的由来 ………………………………… 123
法拉第与法拉第钝化实验 …………………… 125
硝化棉火药的制取 …………………………… 126
从硝酸银到摄影术的发明 …………………… 127
酸雨的来龙去脉 ……………………………… 128
揭秘人工降雨的奥秘 ………………………… 131

有机化学的发现之路

叶绿素的发现 ………………………………… 133
揭开光合作用的奥秘 ………………………… 134
人工合成尿素 ………………………………… 137
凯库勒梦见苯结构 …………………………… 139
珀金发现苯胺紫 ……………………………… 142
香、臭味化合物的发现 ……………………… 143
石油能效的三次发现 ………………………… 149
甲烷、乙烯、乙炔的发现 …………………… 152
有机取代理论的建立 ………………………… 155
凡士林的发现历程 …………………………… 158
最早得到的五种有机酸 ……………………… 160
来自动物体内的有机酸、碱 ………………… 163
来自动、植物的生物碱 ……………………… 166
抗疟良药奎宁的发现 ………………………… 170
玻璃的发现、发展之路 ……………………… 172

早期实用化学

化学认识的开端——火的使用

有史以来,自然界就一直处于运动、变化之中。在这些变化中,有许多变化属于化学现象。在繁多的化学现象中,自然界偶尔产生的燃烧现象,如火山爆发、雷击、陨石降落,或摩擦等引起的森林失火,还有因干枯植物的自然堆积导致的自燃,日复一日,年复一年,不断地刺激着人类的感官,印入人类的脑海。人类就是这样在长期的观察、实践和思索中认识了火,并学会有意识地控制、利用火。

在长期的实践中,原始人学会了保存火种,他们知道哪些物体可用做燃料,这是非常了不起的。他们能把自然界的星星之火保存下来,从此,火就在人类生活中扮演着不可或缺的角色。

人类认识了火,支配了火,就为实现一系列化学变化提供了条件。学会用火是人类最早、也是最伟大的化学实践。火是人类第一次开发除自身的体力即生物能以外的一种强大的自然能源,是人类改造自然的有力工具。在原子能出现之前,含碳物质的燃烧一直是人们获取能量的基本途径,是人为地使各种天然物质发生化学变化、制备新材料等以满足人类生活需要的有效办法。

在我国云南元谋县发现了距今约170万年的人类遗址和麻类灰

科学的进程

原始人利用火

烬、炭屑以及烧过的兽骨。晚一些时候的用火遗迹在世界各地都有发现，包括在约 50 万年前的北京周口店的岩洞里，发现当时居住在此的北京猿人有意识地用火的遗迹。

人类的生活越来越依赖于火，然而，天然野火并不是随处可得，引进火种要受到自然条件的限制，这样，保存火种就显得格外重要，通常都由最有经验的长者来负责此项工作。即使如此，仍然会由于一些难以抗拒的原因而导致火种熄灭。这就需要人类总结经验教训，寻找人工取火的方法。

摩擦取火，特别是钻木取火的方法是人类在生活实践中发明的人工取火的方法。在我国，关于摩擦取火的记载颇多。《庄子·外物篇》载："木与木相摩则燃。"《韩非子·五蠹》也有："有圣人作钻燧取火以化腥臊，而民悦之。"取火方法的发明是人类历史上一件划时代的大事。恩格斯对此曾给予了很高评价，他指出："就世界性的解放作用而言，摩擦生火还是超过了蒸汽机，因为摩擦生火第一次使人支配了一种自然力，从而最终把人同动物界区分开。"自从发明了人工取火的方法，人类就得到了使用火的自由。火的随意使用增强了人类改造自然界的能力。

熊熊的烈火，可使黏土、砂土、瓷土烧制成可用的陶瓷，也可以使矿石冶炼出有用的金属，

钻木取火

2

还可使天然能源煤、石油、天然气得以利用。后来，化学家所用的重要方法，如燃烧、煅烧、煮沸、蒸馏、升华、蒸发等，都是建立在火的使用的基础上的。火的发现和利用，是物质发生化学变化的重要条件。

悠久的工艺——制陶业的出现

对陶器的由来，说法不一，有人推测：人类最原始的生活容器是用树枝编成的，为了使它耐火和致密无缝，往往在容器的内外抹上一层黏土。这些容器在使用过程中，偶尔会被火烧着，其中的树枝都被烧掉了，但黏土不会着火，不但保留下来，而且变得更坚硬，比火烧前更好用。这一偶然事件给人们很大启发。后来，人们干脆不再用树枝做骨架，开始有意识地将黏土捣碎，用水调和，揉捏到很软的程度，再塑造成各种形状，放在太阳光底下晒干，最后架在篝火上烧制成最初的陶器。

据考古发现，我国在距今大约1万年以前的新石器时代早期就出现了烧制的陶器。陶器的发明，在制造技术上是一个重大的突破。

制陶过程改变了黏土的性质，黏土在烧制过程中发生一系列的化学变化，使陶器具备了防水耐用的优良性质。陶器的出现使人们处理食物时增添了蒸煮的办法，陶制的纺轮、陶刀、陶锉等工具在生产中发挥了重要的作用，同时陶制储存器可以使谷物和水便于存放。因此，陶器很快成为了人类

原始陶瓷

生活和生产的必需品，特别是定居下来从事农业生产的人们更是离不开陶器。

化学的初步应用——造纸、火药、冶金、制丹

造纸术是我国古代四大发明之一。据相关资料记载，我国已出土公元前1世纪的麻纸，经分析化验，其为世界现存最早的植物纤维纸。公元2世纪初，蔡伦在已有造纸法的基础上创造了新的造纸方法。这种方法是将废物，如麻、破布等原料，先用水浸湿，润胀后剁碎，放在水中洗去污泥、杂质，然后用草木灰浸透并蒸煮，这个过程就是碱液制浆过程的基础。通过碱液蒸煮，原料中的木素、果胶、色素、油脂等杂质可进一步除去，再加清水洗涤后，即送去舂捣。捣碎后的纤维在水槽中配成浆液，再用滤水的纸模捞取纸浆，滤水后晒干即为成品纸。从纺织品的废料中制成植物纤维，是化学史上的一项重大发明。

造纸术发明后，很快推广到全国，并迅速传到国外。公元384年，造纸术传入朝鲜半岛；公元610年东传日本；1150年，西班牙在柴狄伐建起欧洲第一个造纸厂。我国发明的造纸术不断地向其他国

造纸工序图

家和地区传播，至19世纪中叶，造纸术已传遍世界，成为全人类共有的科学财富。

火药也是我国的四大发明之一。

最早的火药是黑火药，公元3世纪发现火药的燃烧性质，10世纪用于军事，此后我国发现了多种火药兵器。火药从我国经印度传入阿拉伯帝国，又由阿拉伯人和火药武器一道经过西班牙传入欧洲。英、法各国直至14世纪中期，才有应用火药和火器的记载。

我国古代有着比较发达的冶金技术。青铜器的鼎盛时代是商和西周时期。战国后期成书的《周礼·考工记》记载了铸造各类青铜器的"六齐"规则，所谓"六齐"是铸造青铜时铜和锡的六种配方，说明了当时人们对青铜的成分和性能之间的关系已有了较系统的认识。

商周时代的制陶技术、青铜冶炼铸造技术都有很高的水平，这就为冶铁技术打下了良好的基础。在春秋战国之际，块炼铁和生铁冶铸几乎同时产生。其中生铁冶铸时，液态生铁铸造成型可以直接使用，省去了块炼铁费力费工的锻打成型工序，生产产量成倍增长。

我国的炼丹术自公元前3世纪已经开始，到公元前1、2世纪时已经大盛。战国末期，齐国、燕国就有炼丹家活动。秦始皇统一六国以后，曾有徐福带领五百童男童女泛舟入东海去寻求"仙人不死之药"的传说。但是，尽管炼丹家们经过长期艰苦努力，却没有得到预想的结果，相反，许多人因吃了这种"仙丹"而丧命。实际上炼丹家们用于炼丹的物质有许多是有毒的，如水银（汞）、三氧化二砷（砒霜）、二硫化二砷（雄黄）、硫化汞（丹砂）、碱式碳酸铅（胡粉）、十二水硫酸铝钾（明矾）等。

公元8世纪，在阿拉伯帝国的首都报达（巴格达）出现了炼丹术。欧洲人是从阿拉伯人那里学到炼丹术的。炼丹术传到欧洲以后，除少数炼丹者继续炼制长生不老丹外，大部分人则主要搞

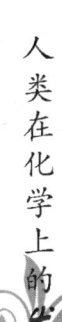

炼金术，希望炼出"哲人石"，正如我国的"神丹"一样。他们认为物质可以互相转化，只要找到秘方，加进或取出某些"元素"，一种物质就会变成另一种物质。他们一次又一次地熔化、过滤、蒸馏，进行实验，虽然没有得到他们所想要的"哲人石"，但在大量的实验中却积累了不少化学知识，促进化学走上了不断发展的道路。

物质结构的认识历程

物质本原的猜想——原子论的产生

是什么组成了如此多样、如此庞杂的大千世界呢？这个看似简单的问题，曾经困扰了人类许多年。

早在殷周时期，中华民族的祖先就提出了五行说，用金、木、水、火、土这五种常见的物质来说明宇宙万物的组成和起源。到了春秋战国时期，五行学说发展为五行相生相克的观念。五行相生，如木生火，火生土，土生金，金生水，水生木；五行相克，如水克火，火克金，金克木，木克土，土克水。五行学说中的合理因素，对我国古代的天文、历数和医学等方面起了一定的作用。古代印度人也提出过与此类似的"五大学说"，"五大"指的是地、水、火、风、空。

在春秋时期，人们普遍认为宇宙间的万事万物都由神的意志统治和主宰，最高的神是天，称为上天或天帝，所以，几乎所有的人都敬畏上天。大学问家老子与这些人不同，他认为，天地是没有仁义的，它对于万事万物，就像人对待用草扎的祭祀用的狗一样，用完了就扔，不会有什么爱憎之情的。那么，天地万物的根本是什么呢？老子认为，有一样东西，在天地万物运行之前就存在了，世界上的所有东西都是由它产生的，没有了它，就什么也不会有，这个

科学的进程

东西是什么呢？它就是"道"，即世界的本原是"道"。老子说："道生一，一生二，二生三，三生万物。"那么，"道"又是一种什么样的东西呢？老子认为道是不能用语言表达的一种看不见、听不着、摸不到的混混沌沌的东西。遇见它时，看不到它的前面；跟着它时，看不见它的后面。然而，它又无处不在。按老子所说："它惟恍惟惚，是无状之状，是无象之象。"老子说的"道"是精神还是物质，学术界对此有不同的看法。

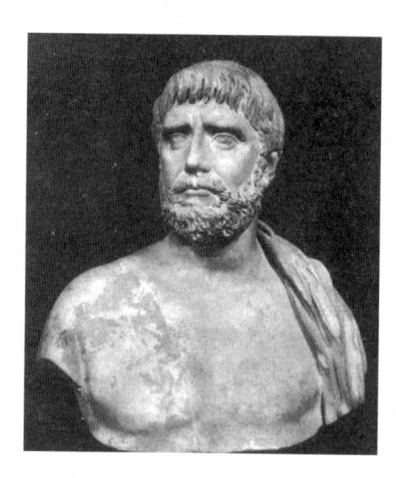

大约公元前600年，有个叫泰勒斯的哲学家，他认为水是万物的本原，自然界万物均由一种基本物质（水）组成，地球是漂浮在水面上的圆盘。泰勒斯的学生阿那克西曼德认为，万物的本原是一种叫做"无限定"的不固定的物质，它在运动中分裂出冷和热、干和湿等对立的东西，并且产生万物。而同时代的哲学家阿那克西米尼认为，气才是万物的本原，他指出，气的稀散成为火；气的凝聚按其程度的不同，依次成为风、云、水、土和石头。气的这种稀散和凝聚形成万物，万物也可转化为气。

泰勒斯雕像

到了公元前500多年，哲学家赫拉克利特认为，火是万物的本原。他说："这个世界不是任何神所创造的，也不是任何人创造的；它过去、现在和未来永远都是一团永恒的火，在一定的分寸上燃烧，在一定的分寸上熄灭。"他认为世界万物都在永远不停地变化着，犹如川流不息的江河，并用许多生动的事例描绘了这种运动和变化的画面。比他晚几十年，又有个叫阿那克萨哥拉的哲学家，认为万物的本原是"种子"，它的数目无限多，体积无限小，还具有各种形式、颜色和气味。他主张每一物体都是各类性质不同的种子混合而成，比如身体要靠食物滋养，食物就必然含有构成血和肉的种子。哪一类种子在数目和体积上占得多，物体就表现出哪一类的性质。

大约在公元前400多年，古希腊的哲学家德谟克利特和留基伯首先提出了原子学说，把构成物质的最小单元叫做原子。他认为，原子是一种不可分割的物质微粒，它的内部没有任何空隙。原子的数量是无限的，它们只有大小、形式和排列方式的不同，而没有本质的差别。原子在无限小的虚空中急遽而无规则地运动着，互相碰撞，形成旋涡，产生世界万物。

对物质本原的设想有很多，这些说法只能当做近代科学研究的一种参考，而不能看做是科学的真谛。为什么这样说呢？因为这些假说的提出人都没有想到或没有条件用实验来检验它们。只有能够用科学的方法进行检验，并且能经受住检验的，才是科学的。用近似于科学的方法来研究物质结构的活动，直到17世纪才开始。

17世纪以前，人们还不知道空气里含有多种成分，以为空气就是空气，甚至不知道空气与蒸汽的区别。

1803年，英国化学家和物理学家道尔顿用原子的概念来阐明化合物的组成及其所服从的定量规律，并通过实验来测量不同元素的原子质量之比，即通常所说的"原子量"。这种始自化学的原子假说叫做"化学原子论"，也可以说是科学的原子论。

道尔顿认为："化学的分解和化合所能做到的，充其量只能让原子彼此分离或重新组合。物质的创生和毁灭，不是化学作用所能达到

化学家道尔顿

的。就像我们不可能在太阳系中放进一个新行星消灭一个老行星一样，我们也不可能创造出或消灭掉一个氢原子。"

9

道尔顿的原子学说主要内容有：

（1）一切元素都是由不能再分割和不能被毁灭的微粒所组成，这种微粒称为原子；

（2）同一种元素的原子的性质和质量都相同，不同元素的原子的性质和质量不同；

（3）一定数目的两种不同元素化合以后，便形成化合物。

原子学说成功地解释了不少化学现象。随后意大利化学家阿伏伽德罗又于1811年提出了分子学说，进一步补充和发展了道尔顿的原子学说。他认为，许多物质往往不是以原子的形式存在，而是以分子的形式存在，例如氧气是以两个氧原子组成的氧分子，而化合物实际上都是分子。从此以后，化学由宏观进入到微观的层次，使化学研究建立在原子和分子水平的基础上。

由于时代的局限性，道尔顿不太可能预见到百年之后，化学作用之外的物理作用的巨大威力。科学的发展表明，采用物理手段，就像在太阳系中放进一个新行星或消灭一个老行星一样，不仅能创造出或消灭掉任意一个原子，而且还能分割原子核乃至更深层次的基本粒子。

原子-分子概念的建立

通常情况下的气体，没有颜色，没有气味，看不见，摸不着，气体里面的微粒才是真正的分子。有什么事实来证明这一论点是正确的呢？

英国化学家、物理学家罗伯特·玻意耳研究了气体体积和压强的关系，并于1660年公布了有名的玻意耳定律。100多年后，法国物理学家查理又研究了气体体积和温度的关系，于1787年提出了有名的查理定律。这两个定律虽然只说明了气体的物理性质，但却为人们从化学变化中，去研究气体体积的变化规律创造了条件。

1808年，法国化学家盖-吕萨克，在研究气体跟气体发生化学反应时，得出了气体体积发生变化的结论。他发现参加反应的各种气体，彼此的体积（在一定压强和温度条件下）成简单整数比。这是他通过许多实验而得出的结论。

在盖-吕萨克提出他的气体反应定律之前，英国的化学家道尔顿刚刚宣布了原子论。但是，如果根据道尔顿当时的原子论，却无法解释盖-吕萨克的气体反应定律。因此，当时他们这两种观点曾引起了一场争论，直到建立了分子的概念，弄清楚了原子跟分子的联系和区别之后，这场争论才结束。

化学家罗伯特·玻意耳

那么，发生争论的焦点在什么地方呢？

首先要明确的几个问题是：

第一，玻意耳和查理的定律，适用于任何气体。这个事实可以设想为，在同温同压下，任何气体的体积相同时，所包含的微粒数相同。

盖-吕萨克

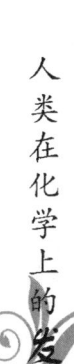

第二，盖-吕萨克的气体反应定律，也同样适用于任何气体。这一事实可以设想为，参加反应的气体微粒数之间，呈简单的整数比。

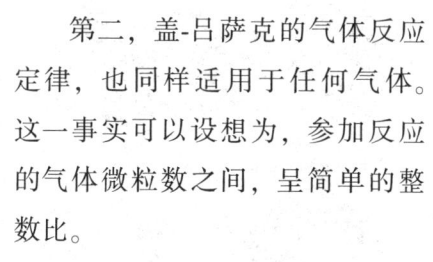

但是，以上设想存在矛盾之处。按照道尔顿的说法，氢气、氧气和气体中的微粒是简单原子，即一个微粒只是一个原子，并且原子是不可分的。那么，就解释

不了两体积氢气正好和一体积氧气发生反应，生成两体积的水蒸气这一事实，也就是说两个氢微粒跟一个氧微粒化合，能生成两个水微粒，那么必然每个水微粒中只有半个氧微粒。道尔顿认为氧微粒（氧原子）是不能分成两半的。然而事实上氧微粒（氧原子）确实分开了。

另外，道尔顿坚持氧微粒（他以为是原子其实是分子）是不可分的，那就只能认为两体积氢气中的微粒数和一体积氧气中的微粒数相等，即两个氢微粒和两个氧微粒结合，生成2个水微粒。那么，在体积相等的气体中，在同温同压条件下所含微粒数不一定相等的说法，不仅毫无根据，并且跟玻意耳、查理两人的定律格格不入。

盖-吕萨克经过推理认为：不同的气体在同样的体积（指在同温、同压条件下）中，所含的原子（不是前面所说的那种微粒）数，彼此应该有简单的整数比。现在来看，这一推理是正确的，而道尔顿认为微粒（分子）数可以是整数比，甚至不成比例，更不会一定相等的看法是错误的。可惜在当时那场争论中盖-吕萨克未能再进一步建立起分子的概念，而道尔顿也一直认为水分子是一个氢原子和一个氧原子结合成的复杂原子。因而，在道尔顿的原子论中，是把原子和分子混为一谈了。道尔顿原子论的总体思想，对当时化学的发展，具有重大的积极意义，然而其中也掺杂了一些机械的主观的东西。

1811年，意大利的物理学家阿伏伽德罗，参与了上述问题的讨论。他精心地研究了道尔顿和盖-吕萨克俩人的全部资料，经

阿伏伽德罗

过了认真的思考后提出了一个设想，在道尔顿和盖-吕萨克两个人的争论和分歧之间，架起了一座桥梁，这便是分子，和原子不同的真正的分子。

阿伏伽德罗所设想的分子，特别是单质的分子，可以由不同数目的同种原子组成。他认为氢气、氧气等单质分子中，各有两个原子。这样一来，就能够很好地解释盖-吕萨克的气体反应定律了。

阿伏伽德罗提到的分子，是从道尔顿的原子理论中分化出来的。这种分子的概念，是阿伏伽德罗根据宏观实验现象所做出的假想。是阿伏伽德罗从困境中解救了道尔顿，然而道尔顿却不相信阿伏伽德罗的说法。作为原子论发起人的道尔顿，坚持认为同种的原子必然互相排斥，不能结合成分子，否定氢气、氧气的存在，从根本上拒绝了阿伏伽德罗的一片好意。

阿伏伽德罗提出的分子假说由于遭到别人的反对，他本人却又提不出更有力的事实来作为旁证，加上当时化学学术界，还没有统一的原子量，也没有固定的化学反应式，很多认识比较片面。所有这些，使得阿伏伽德罗的学说遭受冷遇达50多年之久。直到1860年，在一次国际性的化学会议上，人们还在为分子假说争论不休时，阿伏伽德罗的学生——意大利物理学家康尼查罗散发了他的关于论证分子学说的小册子。其中重新提到了他的老师的假说，用充分的论据明

康尼查罗

确指出："近来化学领域所取得的进展，已经证实阿伏伽德罗、安培和杜马的假说，即等体积的气体中，无论是单质还是化合物，都含有相同数目的分子，但它绝不是含有相同数目的原子。阿伏伽德罗和安培的学说必须充分加以利用。"（安培和杜马也曾有跟阿伏伽

德罗近似的设想)

康尼查罗的论文条理清楚,陈述严谨,他的要求和分析很快得到了化学界的赞许和承认。近代的原子—分子的统一理论,终于在19世纪的60年代得以确立。

气体都是以分子状态存在的,化合物的分子都是由几种不同的原子构成的,并且在同温同压下,相同体积的气体所含原子数不一定相同,然而所含的分子数肯定是相同的,都是 6.02×10^{23} 个,后人将这个数叫阿伏伽德罗常数。在原子和宏观物质之间由于有了分子这一概念的过渡,许多化学反应便都很好解释了,这在化学史上是一大突破。

原子结构的认识演变

19世纪末和20世纪初,为了探索原子内部的奥秘,一批批物理学家和化学家贡献了自己的劳动成果,终于使人们对于原子和原子的内部有了更多的认识。

原子很小很小,如果把1 000万个原子排成一行,也不过大约1cm长而已。所以,它只是一颗颗非常小的微粒,小到既看不到又摸不着的地步。

可是,在这个如此微小的微粒里,也存在着一个组织周密、结构严谨的世界。我们把它叫做微观世界。相对微观世界来说,我们周围的这个大的世界就叫做宏观世界。

在原子这个微观粒子中,有一个核,叫做原子核。原子核的周围有若干个电子在围绕它运动。这种情形有点像我们所处的宏观世界的太阳系——太阳在中间,周围是绕它运动的地球、火星、土星、天王星、海王星,等等。

地球绕着太阳运动而不会离开它的轨道,是靠太阳与地球之间的引力。在原子内部,原子核带有正电荷,电子带有负电荷。原子

里电子绕着原子核运动，是靠原子核的正电荷对它的吸引。

在原子中，原子核只占极小的一部分体积，因为原子核的直径大约只有原子直径的万分之一，但是原子的质量却几乎全部集中在原子核上。原子核虽然很小，但也有复杂的结构。在这方面，科学家还没有完全弄清楚；不过，大家公认原子核是由质子和中子组成的。

现在已经知道，质子和中子的质量几乎相等，而电子的质量却小得多。所以，原子核的质量几乎就等于整个原子的质量。

质子和中子虽然质量相同，带电情况却不同。质子是带电的，而且一个质子带的是一个单位的正电荷；中子既不带正电荷也不带负电荷。这就是说，原子核带的正电荷完全来自质子。一个原子核有几个质子，那它就有几个正电荷，这也就是原子的核电荷数。

同一个质子带一个单位的正电荷一样，一个电子带一个单位的负电荷。原子是呈电中性的，因此，原子的核电荷数必然等于它的核外电子数。只有这样，质子带的正电荷和电子带的负电荷才能刚好抵消，原子对外也就不显电性了。

原子结构的秘密被人们初步揭开以后，不少科学家都在考虑这样一个问题：元素的原子结构同它在周期表里的位置有没有关系？

一位年轻的英国物理学家莫斯莱，首先在这个问题上有了重大发现。

在莫斯莱以前，有的科学家已经发现，用不同的元素做成的X射线管中的靶子（对阴极），发射出来的X射线的穿透能力是不同的。原子量越大的元素，发出的X射线的穿透能力越强。这种具有

原子结构模型

科学的进程

特殊穿透能力的 X 射线被叫做特征 X 射线。

1913 年到 1914 年间，莫斯莱系统地研究了各种元素的特征 X 射线。他发现，随着元素在周期表中的排列顺序依次增大，相应的特征 X 射线的波长有规则地依次减小。莫斯莱根据实验的结果认为，元素在周期表中是按照原子序数而不是按照原子量的大小排列的，原子序数等于原子的核电荷数。

莫斯莱

原子序数原来就是原子核里的核电荷数！莫斯莱的这个发现，第一次把元素在周期表里的位置和原子结构科学地联系在了一起。这个发现，给科学家们展现了一个广阔的研究领域。后来，在发现了质子和中子以后，人们终于认识到，一个元素在周期表中的位置是由它的原子核中的质子数来决定的。

例如，氢元素的原子核里只有 1 个质子，核电荷数是 1，所以它必然就排在周期表里的第 1 位；碳元素的原子核里有 6 个质子，核电荷数是 6，因此它就应该排在周期表里的第 6 位；而钾元素的原子核里共有 19 个质子，核电荷数是 19，当然它就是周期表里的第 19 号元素了。

反过来也一样，周期表里第几号元素，原子核里一定有几个质子。例如，氯是周期表里的第 17 号元素，它的原子核里也就有 17 个质子，核电荷数自然也就是 17。

核外世界——电子及其排布

电子的发现

电子是人们最早发现的带有单位负电荷的一种基本粒子。英国物理学家汤姆逊是第一个通过实验证明电子存在的人。

关于电,人们知道最早的而且规模最大的是雷电现象。由于雷电的发生没有规律,而且无法控制,所以人们在探索电的过程中,就特意寻找比较容易控制的放电现象。因此,对稀薄气体的放电现象的研究,从18世纪初就受到了人们的重视。很多人都注意到,当把一个玻璃容器中的空气抽走,让气压降到正常气压的1/60时,再把它与一个电源连接起来,就可以看到容器里出现奇异的闪光。当时人们不理解这种发光的本质,现在我们知道这是电导致的发光现象。因为电流通过气体时,定向运动着的电子与气体原子碰撞,电子便把一部分能量传递给了气体原子,然后这部分能量便被气体原子以光的形式表现出来。

1858年,德国的玻璃吹制工人盖斯勒,利用托里拆利真空原理制造了水银真空泵。他的真空泵能够把玻璃管内的气压抽到正常气压的万分之一,相当于0.1mm汞高以下。此后大约30年里,德国科学家普鲁克、英国科学家克鲁克斯等人,利用盖斯勒真空泵做了极低压强下的一系列实验。在这些装置中,玻璃管内安放了两块金属板,用导线把它们连接在一个强电源上,接电源正极的板称为阳极,接电源负极的板称为阴极。他们都发现了这样的异常现象:当玻璃管中的气压降到0.5mm汞高时,在阴极附近就出现一段不发光的暗区,并且暗区随气压的降低而扩大。当气压降到0.01mm汞高以下时,则全管变暗,不再发出辉光,而在阴极附近的玻璃管壁上却出现绿色的辉光点,辉光似乎与阳极无关,好像有什么东西从

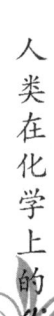

17

阴极跑出来，撞在玻璃管壁上。由于这种东西是从阴极飞射出来的，所以科学家们把它叫做"阴极射线"，而把这种可以放电的玻璃管叫做"阴极射线管"。

阴极射线究竟是什么东西？是光、原子、分子，还是阴极电源板上剥落的碎屑？它带电还是不带电？这一系列问题，激起了各国科学家深入研究的兴趣，导致了19世纪末接二连三的重大发现。例如，1895年发现X射线的德国物理学家伦琴，1896年发现放射性的法国物理学家贝克勒尔，都是因研究阴极射线而获得了意外的成功。在对阴极射线进行的长达近30年的研究中，许多科学家先后做了大量实验，唯有英国物理学家汤姆逊成功地解决了这一问题。

贝克勒尔

对于阴极射线，汤姆逊在1881年是这样猜想的："在真空管中的阴极射线是带负电的微粒子，玻璃发光的原因是由于这种微粒子以极大的动能冲击管壁而引起的。"根据这种猜想，他做了大量的实验。1897年，汤姆逊终于证实了阴极射线果然带负电。

"电子"这个名称，是1874年英国人斯托内为最小的基本电荷起的名字。汤姆逊开始把他发现的粒子叫做"微粒"，并按斯托内的叫法，把微粒所带的电荷叫做"电子"，后来，人们习惯于把这种粒子叫做电子。

电子，这个人类认识的第一个基本粒子，它的发现不仅打破了道尔顿的"不可分"的原子，而且打破了物质结构的"终极"观念，把科学研究引上了一条更为宽广的道路。

电子的排布

从大量的科学实验结果中，人们知道了，电子永远以极高的速度在原子核外运动。高速运动的电子，在核外是分布在不同的层次里的。我们把这些层次叫做能层或电子层。能量较大的电子，处于离核较远的能层中；而能量较小的电子，则处于离核较近的能层中。

人们还发现，电子总是先去占领那些能量最低的能层，只有能量低的能层占满了以后，才去占领能量较高的一层，等这一层占满了之后，才又去占领更高的一层。

第一层，也就是离核最近的一层，最多只能放得下两个电子；第二层最多能放 8 个电子；第三层最多能放得下 18 个电子；而第四层放的更多，最多能放 32 个电子……

现在已经发现的电子层共有 7 层。

不过，当人们对很多原子的电子层进行了研究以后发现，原子里的电子排布情况，还有一个规律，这就是：最外层里总不会超过 8 个电子。

当人们把研究原子结构，特别是研究原子核外电子排布的结果同元素周期表对照的时候，发现这种电子的排布竟然和周期表有着内在的联系。

为了说明的简便，我们只拿周期表中的主族元素同它们的核外电子排布情形对照着看一看。

从横排——周期来看：

在第一周期中，氢原子的核外只有 1 个电子，这个电子处于能量最低的第一能层上。氦原子的核外有两个电子，都处于第一能层上。由于第一能层最多只能容纳两个电子，所以，到了氦第一能层就已经填满。第一周期也只有这两个元素。

在第二周期中，从锂到氖共有 8 个元素。它们的核外电子数从 3 个增加到 11 个。电子排布的情况是：除了第一能层都填满了两个

电子以外，出现了一个新的能层——第二能层；并且从锂到氖依次在第二能层中有1~8个电子。到了氖，第二能层填满，第二周期也恰好结束。

在第三周期中，同第二周期的情形相类似。除了第一、二两个能层全都填满了电子外，电子排布到第三能层上，并且从钠到氩依次增加1个电子。到了氩，第三周期结束，最外层也达到8个电子。

再从竖行——主族来看：

第一主族的7个元素——氢、锂、钠、钾、铷、铯、钫的最外能层都只有1个电子，所不同的只是它们的核外电子数和电子分布的层数。氢的核外只有1个电子，当然也只能占据在第一能层上；锂有两个能层，并且在第二能层上有1个电子；钠有3个能层，并在第三能层上有1个电子……钫有7个能层，并且在第三能层上有1个电子。

由于在化学反应中，原子核是不起任何变化的，只是最外层电子起变化；第一主族由于最外层都只有一个电子，因而它们表现出相似的化学性质就是很自然的事情了。

完全类似，第二主族各元素的最外能层都有两个电子，第三主族各元素的最外能层都有3个电子……

最初，门捷列夫曾经在他自己编写的化学教科书《化学原理》中，用下面这句话来说明他发现的元素周期律：元素以及由它形成的单质和化合物的性质周期地随着它们原子量的变化而改变。

后来，由于物理学上一系列新的发现，人们对元素周期律有了新的认识，元素以及由它形成的单质和化合物的性质周期地随着原子序数（核电荷数）的变化而改变。

最后，在弄清了原子核外电子排布的规律以后，人们对元素周期律和元素周期表的认识就更加深刻了。现在，人们可以从理论上来解释元素周期律了。原来，随着核电荷数的增加，核外电子数也在相应地增加；而随着核外电子数的增加，就会一层一层地重复出

现相似的电子排布的过程。这就是元素性质随原子序数的增加而呈现周期性变化的原因。

如今，人们不仅知道一个元素所在的周期数就是它的核外电子排布的能层数，主族元素的族数就是它最外层的电子数，而且也能解释元素的化合价为什么也随着原子序数的增加而出现周期性的变化。就连为什么同一周期的各个元素，从左到右金属性逐渐减弱，非金属性逐渐增强；为什么同一周期的各个元素，从上到下金属性逐渐增强，非金属性逐渐减弱这一类问题，也能够得到令人满意的答案了。

化合价理论的建立

化合价的确定是化学家们勇于发现和善于思考的结果。

化学这门科学在建立了原子、分子和原子量的初步概念之后，随即在测定物质组成实验的基础上，确定了大量化合物的化学式。即使是当时的实验方法粗陋，原子量测量的数据不准确，写出的化学式存在不少错误，化学家们仍注意到化合物中各元素原子间其相互结合的数目中存在着某些有趣的关系。这是从19世纪50年代后开始被人们观察到的。

英国化学家弗兰克兰，在1852年先研究了有机化合物的组成及化学式后，接着又研究了很多无机化合物的组成和化学式，他在一篇文章中写道："无机化合物的化学式被承认后，甚至从表面可以看出，它们在结构上存在着对称性……"他所说的"结构上的对称性"，并不是我们现在所知的诸如分子中原子排列的结构对称，而是指不同元素的1个原子，有的只能跟另一元素的1个原子相结合，有的则能跟另一元素的两个原子相结合，还有的可跟3个原子、4个原子相结合，等等。当时他列举了氮、磷、砷、锑及氨气、磷化氢、砷化氢等化合物后指出："在这样的比例下，它们的亲和

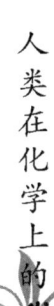

力才得到满足。"

所谓的"亲和力",是指西欧13世纪、14世纪时的炼金术士们从主观的唯心主义出发,提出来的拟人化的说法。他们认为两种物质间,就像人一样,只有相亲、相爱才能结合。弗兰克兰在借用这一词时还说:"一切化学元素,当生成化合物时,与之相化合的原子(如氢、氧、碘、氯等),在性质上尽管差别很大,但它吸引这些元素的'化合力'(亲和力),却总是要求结合一定数目的原子为满足。"他用"结合一定数目的原子"来解释亲和力,便有了较明确的化合价的概念了。

1857年,德国著名的有机化学家凯库勒曾指出:"不同元素的原子相化合时,总是倾向于遵循亲和力单位数等价的原则"。在这位化学家的说法中,"亲和力"发展成为"亲和力单位"而被量化了,因此,元素氮、磷、砷的亲和力是等价的,即它们的亲和力单位都等于3,它们所结合的氢原子亲和力单位总和也是3,那么,氢原子亲和力单位应该等于1。这样的推理,跟我们现在关于化合价的计算方法是一致的。

凯库勒

然而,当时凯库勒对"亲和力"却有一个片面的认识,他认为一种元素只有一个固定的亲和力单位,例如他认为磷元素的亲和力单位是3,因此它有固定的化合物磷化氢和三氯化磷。而实际上磷还有5价的氯化物五氯化磷,对此他则辩解说其化学式是$PCl_3 \cdot Cl_2$。

1864年,德国科学家迈尔建议用"原子价"一词来取代原子的"亲和力+单位",从此"原子价"便成为确定的学说,并逐步

发展成为化合价理论。

有趣的是在原子价的概念形成和发展的同时,或者还要更早一些,有关的化学理论已经或正在被提出,如定比定律、培比定律和较有影响的原子学说(1803年由道尔顿提出)、分子学说(1811年由阿伏伽德罗提出,到1860年才被承认)以及亲和力学说,都从各个方面预示着原子价概念的产生。由此看出,科学概念都不是孤立地发生和发展的,原子价概念的建立也是这样,而且由于原子价能反映元素的某种化学性质,使不同元素之间,有了可比的量化标准(另外还有原子量),为化学元素周期律的形成,提供了重要的理论支持。

原子的运动

1999年诺贝尔化学奖授予了在埃及出生的科学家艾哈迈德·泽韦尔,以表彰他应用超短激光闪光成像技术观看到分子中的原子在化学反应中的运动,从而有助于人们理解和预测重要的化学反应,为整个化学及其相关科学带来了一场革命。

实际上,早在20世纪30年代化学家就预言了化学反应的模式,但以当时的技术条件要进行实证无异于痴人说梦。20世纪80年代末,泽韦尔教授做了一系列实验,他用了可能是世界上速度最快的激光闪光照相机拍摄到一百万亿分之一秒的瞬间处于化学反应中的原子的化学键断裂和新形成的过程。这种照相机用激光以几

艾哈迈德·泽韦尔

十万亿分之一秒的速度闪光，可以拍摄到反应中一次原子振荡的图像。他创立的这种物理化学被称为飞秒化学，飞秒即毫微微秒（是一秒的千万亿分之一），即用高速照相机拍摄化学反应过程中的分子，记录其在反应状态下的图像，以研究化学反应。人们是看不见原子和分子的化学反应过程的，现在则可以通过飞秒化学技术研究单个原子的运动过程。

艾哈迈德·泽韦尔的研究成果可以让人们通过"慢动作"观察处于化学反应过程中的原子与分子的状态转变，从根本上改变了人们对化学反应过程的认识。泽韦尔通过"对基础化学反应的先驱性研究"，使人类得以研究和预测重要的化学反应，给化学以及相关科学领域带来了一场革命。

探索同分异构现象

众所周知，有机化合物的种类和数目是惊人的。据1961年的统计，全世界已发现的有机化合物有175万种，而到今天已发展到500多万种。

为什么有机化合物种类如此繁多呢？其中一个重要原因是有机化合物中存在着大量的同分异构体。就以烷烃来说吧，甲烷、乙烷、丙烷无同分异构体，但癸烷就有75个同分异构体，20碳烷则有366 319个同分异构体。这些异构体还都属于"碳干"异构，较为复杂的有机物除有"碳干"异构外，还有"官能团"异构、"位置"异构、"互变"异构、"旋光"异构、"构象"异构等。那么，同分异构现象又是怎样被发现的呢？

19世纪20年代以前，化学界普遍认为物质的化学性质是由温度和物质的组成共同决定的。同一种物质，在不同的温度下，可以呈现不同的状态。例如，水在0℃以下呈固态，在0℃以上呈液态，在100℃以上则呈气态。同一种物质在不同状态下表现出

不同的性质。如果某一物质的组成以及所处的温度确定，那么物质的特性也就被确定了。然而，这一传统认识，到了19世纪20年代却发生了动摇，人们发现有些物质虽然组成相同，但性质却不相同。

例如，1824年德国化学家维勒研究制得了氰酸银盐，他仔细分析了氰酸银的组成；另一位德国化学家李比希在研制极易爆炸的雷酸银时，对雷酸银的组成也进行了分析。

对氰酸银和雷酸银的组成，两位化学家分析所得结果几近相同，但这却是两种截然不同的化合物。这使维勒和李比希很感兴趣，却又迷惑不解。为此，李比希也制备了氰酸银，并对其组成进行化学分析，发现其中含氧化银是71%，与维勒的分析结果77.23%相差较大，便断定维勒分析错了。对此，维勒很不服气，便重新检查了自己原来的分析数据，发现毫无错误，便认为是李比希用的氰酸银不纯，因此才使分析结果偏低。

究竟谁是谁非，实难确定，于是，两人只好当面交流，以便统一认识。经过反复验证，反复讨论，发现他们原来分别对雷酸银和氰酸银所做的分析都很正确，这是不容置疑的。在事实面前，两人通过大胆的想象和认真的分析与推理，终于提出了创造性的见解，那就是氰酸银和雷酸银的组成是相同的，但它们却是两种性质不同的化合物，这与当时的传统观念极不相符。至于这究竟是怎么一回事，两位化学家也很不理解。

当时的许多化学家也都陷入了对这一问题的迷茫之中，有的试

化学家维勒

科学的进程

图作些解释，但却又解释不清。例如，法国化学家盖-吕萨克认为维勒和李比希的实验结果都是正确的，他把氰酸银和雷酸银性质的不同归结为元素相互结合的多变性。至于为什么会多变，怎样多变，他自己也说不明白。

瑞典著名化学家贝采利乌斯一开始也认为是维勒和李比希两人的分析结果有误，所以造成氰酸银和雷酸银的组成和性质相矛盾。但1830年贝采利乌斯在发现了酒石酸和外消旋酒石酸是组成相同却是性质不同的两种物质后，他的认识也发生了变化。

贝采利乌斯不仅知识渊博，而且敢于冲破旧观念。他通过对氰酸银和雷酸银以及酒石酸和外消旋酒石酸这两对物质的不完全归纳推理，得出结论："组成相同的化合物，未必有相同的性质。"1830年，贝采利乌斯提出了同分异构的概念，并把具有相同组成但性质却不同的化合物叫做同分异构体。从而，他不仅很好地解决了维勒和李比希的疑问，也使人们对物质的性质和物质组成之间的关系在认识上又上了一个新台阶。

瑞典化学家贝采利乌斯

贝采利乌斯的同分异构概念诞生后，不断得到更多实验事实的支持。例如，1-丁烯、2-丁烯和环丁烷，它们互为同分异构体，1-丁烯沸点为$-0.3℃$，2-丁烯的沸点为$3.7℃$，而环丁烷的沸点则为$13℃$。它们不仅在物理性质方面有差异，在化学性质方面差别更大，1-丁烯和2-丁烯都能跟溴发生加成反应使溴水退色，而环丁烷则不能跟溴水发生反应，不能使溴水退色，即使在四氯化碳的溴溶液中，也不能跟溴发生加成反应。

再如，大家都知道汽油中含有辛烷，辛烷有 18 种同分异构体，它们燃烧时放出的热量虽然相等，但它们的抗爆震性却差别很大。正庚烷爆震性很大，异辛烷则爆震性最小、抗爆震性很大。人们通常把异辛烷作为抗爆震性优良的标准，辛烷值定为 100，以此来标定汽油的优劣，并把异辛烷值高的汽油称为优质汽油。

追踪化学元素的故事

元素概念的提出

远古时期，人们不知道什么是元素，对单质和化合物也不会加以区分，但他们由哲学的观点形成了类似元素的所谓"原质"的概念，认为水、土、气、火、金、木等，按不同的比例组合，就能构成宇宙万物。到了16世纪，炼金术士和医药学家们，又认识了硫磺、水银、盐、油等物。直到17世纪中叶，由于科学实验的兴起，面对物质变化的事实，才初步认识到，定义关于元素概念的必要性。

1661年，英国学者玻意耳提出了元素的概念："那些原始的和简单的，或是完全未混合的物质。这些物质不是由其他物质所构成，也不是相互形成的，而是直接构成称为完全混合的物体的组成部分，而它们进入物体后，最终也会分解。"

在玻意耳建立了元素概念100多年后，元素概念才逐渐地被人们所接受，从而出现了由拉瓦锡编制的第一张元素分类表。

1789年，拉瓦锡在他发表的著作中，除了对玻意耳所下的元素的定义表示赞同以外，还补充说元素是"化学分析所达到的终点"，这样就比玻意耳的长篇大论更加确切了。同时他列出了一张元素分类表，包括气体、非金属、金属和土质四类共33种元素。但其中

光、热、石灰等也被他当成元素。可见他只是从物质的外观去分类，并没有，而且他当时也不可能，把各种元素按本质上的区别来加以分类。

由表及里地揭示元素的本质，是从测定了元素的原子量之后逐渐有了头绪的。

19世纪初，英国学者道尔顿提出了原子论，并认为原子应有一定的重量。他知道原子很小，无法测出绝对质量，就采用对比方法，人为的以一个原子为基准，其他原子的质量就能以最简化的方法得到一个相对数。

最早道尔顿把氧的原子量定为5.5，后又修改为7。接着，瑞典化学家贝采利乌斯分析他人的实验成果，自己再进行精确测定，在1826年发表的原子量表中，他定义氢的原子量为1，氧的原子量为16.02，还有碳、硫等其他共40多种元素的原子量。这些数据跟现代原子量表上所列的数据基本上是一致的。

元素有原子量，尽管在其数值不够精确时就有人开始注意到，元素性质跟其原子量之间必然存在某种联系，并尝试着据此对它们进行分类。从1819年起，经过整整50年，元素的分类，终于以一张周期表的形式固定下来了。

人们一说到元素周期表，就要提到俄国化学家门捷列夫。其实，早在门捷列夫之前，德国人德贝赖纳在1829年就已发现钙、锶、钡三种氧化物的式量（当时也没有分子及分子量的概念，用他自认为是原子量的数值），前者与后者的平均数，接近于居中者。后来他又发现了一些别的元素也有类似的情况，从而进一步扩大了"三元素组"的组数。

1850年，德国人佩腾利弗把已知的"三元素组"并列，发现性质相似的元素，并不只限于三种。此后的几年里，又有美国人库克、法国人杜马和德国人本生等，在研究了"三元素组"的基础上，提出了在同组元素原子量之间有一定数学计算规律的初步看法。

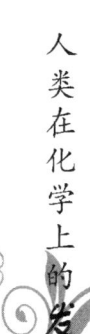

科学的进程

　　1862年，法国矿物学家陈库尔杜斯，提出了关于元素的性质就是"数的变化"的论点。他把当时的62种元素，按原子量（并不精确而且有错）大小，标记在一个绕着圆柱体上升的螺旋线上，从中可以看到某些性质相似的元素基本上都处在一条条由上到下的垂直平行线上。

　　其后，还有德国人奥德林和迈尔分别发表了原子量（1964年）、原子符号（元素符号）表和六元素表，英国人纽兰兹发表了元素的"八音律"表（1865年）。

　　在1869年以前，人们对元素的知识进行归纳和总结，出现了形形色色的"图"、"组"、"律"等，有几十种之多。同时，1819年到1869年的这50年间，化学上相继发现新元素，改进了测定原子量的方法，有了元素化合价的概念，等等，这些又都为更科学、更完整、更严密地编制元素周期表提供了丰富的依据。

❖ 元素身份的证明

　　许多人很奇怪，元素是理论上的"概念"，化学家们是如何发现或探索已知元素的踪迹呢？原来元素天生都各有一张身份证明，无论元素藏在哪里，或其含量多么稀少，科学家们都能把它们识别出来。

　　光，一般称为光线，人和动物都能感受到它的存在，绿色植物也能对它做出相应的反应。1666年，物理学家牛顿发现一束白光在三棱镜下，竟然呈现出红、橙、黄、绿、蓝、靛、紫七色，就像雨后转

牛顿三棱镜实验

30

晴的天空出现彩虹那样，从此物理学中就兴起了光谱学这一个分支。

不同的光源发出不同颜色的光，是件很平常的事，自从有了光谱学，物理学家和化学家们，开始研究不同色光的光谱有什么不同，由此发现，不同元素有不同的光谱，并明确提出通过观测光谱可以简便地检测出某种元素，甚至可以将其他星球上的元素检测出来。

人类古代所使用和发现的元素，如碳、硫、金、银、铜、汞、铅、铁、锡、锑等，有的是自然界天然就有的，有的是通过简单加热或用碳还原就能从矿石中得到的。由于炼金和炼丹以及制药等实验活动流行，在1 000多年的时间里，人们又相继发现了一些元素，如锌、砷、磷等。18世纪初，欧洲兴起了燃素说，促进了实验化学的发展，相继又发现了不少元素，如氢、氧、氮、氯、氟、锰等。到了18世纪后期，拉瓦锡把当时已知的33种元素做了分类，分为气体元素、非金属元素和金属元素等，但他在这一分类中，把光和热也各自当成一种气体元素，而将发现了十多年之久的氯排除在气体元素之外，并错误地称它为"盐酸基"。但他的基本观点是正确的，毕竟这是元素分类工作的起点，由于理论和技术水平有限，或是弄不清元素的本质，或是不能使它们再分解了，这在当时已是十分难能可贵的了。

18世纪末期，意大利物理学家伏特发明了由铜片、锌片在稀硫酸中组成的简单电池，化学家们纷纷采用这种简单的化学电源，做了许多电解实验，弄清楚了许多物质的组成，并发现和制出了多种金属元素的单质。其中英国化学家戴维所取得的成果最大，他用电解的方法

伏 特

发现和分离出钾、钠、钙、镁、钡和锶 6 种金属元素。在不到两年的时间里，由一个人发现五六种元素，这在化学元素发展史上，是绝无仅有的。戴维的成就在于他使用的方法得当，同时也是因为他对这些元素的存在，都已有了先见之明。

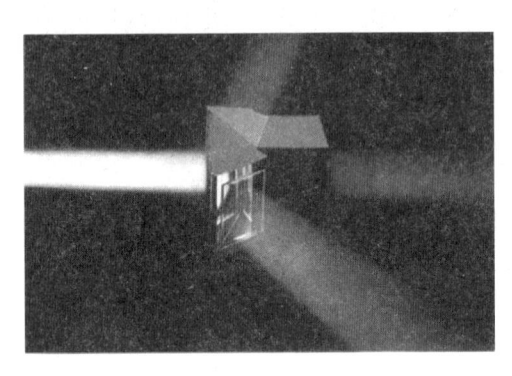

1859 年，德国科学家本生和基尔霍夫两人合作，研制发明了分光镜，将被测光源的光谱同已知光源的光谱对照，就能准确无误地检测出被测光源的物质中含有什么元素，从而也可以发现人们未知的新元素。1860 年和 1861 年，本生和基尔霍夫就是从光谱分析中，相继发现了铯（Cs）和铷（Rb）两种新元素。铯和铷是比钾还活泼的金属元素，可用电解的方法制出单质，但必须在大量含铯或铷的某种纯净的化合物中进行操作才是可行的。本生和基尔霍夫虽然没有制出铯和铷的单质，但他们的发现是被公认的，并被载入化学元素发现史册。

三色分光镜

有趣的是稀有气体氦，地球大气中氦的含量占大气总体积的 5.2%，要从大气中直接发现氦的存在，几乎是不可能的。最初是用分光镜观察日食时，发现月球上有氦的存在，1895 年，又发现了地球上也有氦的存在。而从空气中提取并制得纯氦，则更是有了精密分馏空气设备以后的事情了。

通过分光镜进行元素的光谱分析，可以发现很多之前不为人所知的元素。

金属元素的发现

汞的早期认识

金属汞和汞的化合物具有特殊和奇妙的化学性质，曾经对化学知识的萌芽产生过极大的影响。这种化学元素及其性质对于古代的人有着很强的吸引力，尤其是在炼金术方面，在他们那些建立在空想主义基础上的"点石成金"的幻想中，汞曾扮演了一个非常重要的角色。

在古代，汞（通称水银）及其化合物被看做是带有神秘色彩的医治百病的良药，甚至还被描绘成能让人长生不老的仙丹。然而除了个别的例子（如我国商代曾经利用汞的化合物治癫疾）外，很少有记载这种良药治好疾病的例证，相反，汞及其化合物含有剧毒却常有记载，将汞当成药治死人的传说也是常有的。我国是最早使用汞及其化合物的国家之一，除了商代用汞的化合物治疗癫疾以外，根据《史记·秦始皇本纪》记载，在秦始皇墓中就灌入了大量的水银，以为"百川河"，可见当时就已经掌握了水银的提炼方法。我国著名的炼丹家葛洪进行过有关硫化汞的实验，而辰砂（天然硫化汞矿物，也称朱砂）也在很早的时候就被我国民间用做红色颜料。

埃及和希腊也是最早利用汞的国家之一，在发掘出来的公元前的埃及古墓中，发现有水银的存在，它是由考古学家希拉曼发现的。在古希腊的文字中，也已经有"液态的银"这个说法。亚里士多德将汞称为水银。从现存的拉丁文著作中发现，对金属汞及其化合物研究和记载得最为详细的古代科学家应当首推希腊的维特鲁维夫斯和普里尼，他们为我们提供了一些最早的有价值的资料。他们描述了如何从矿物中提取金属汞的方法，这就是："铅丹（当时的人常常把辰砂误认为铅丹，因为辰砂和铅丹都是红色的）是一种矿物质，人们在采掘这种矿石时，储存和聚集在矿石缝隙间的水银便会一滴一滴地流下来。另外，由于开采出来的矿石都比较潮湿，需要先把它们投入到炉子中用火烘干，如果将从矿石中蒸发出来的蒸汽冷凝，这时就会发现有水银的液滴，而且当人们将烘干的矿石取走以后，便会在炉子的底部发现残剩的水银小液滴。它们是如此的细小，甚至无法收集起来，但是却可以将它们冲刷到一个盛水的容器中，这时，水银就能聚集起来成为一体。"这说明了水银的一个基本性质，即水银比水要重很多。

维特鲁维夫斯曾经特别记录了一些有趣的关于水银密度的实验："首先将水银放在一个容器内，然后把一块重量为 50 千克的石头放在水银的上面，这时，石头只是漂浮在水银的液面上，而没有沉到水银液体的底部，这充分说明了水银能够承受 50 千克石块的重量，而石块既不会把液体压缩，也不能将液体排开。如果将石块从水银中取出，再放进很少量的黄金，这时黄金却不会在水银的液面上漂浮，而是下沉到容器的底部。这两个实验充分地证明了，各种物体放进盛有水银的容器之后所发生的现象并不取决于物体的大小和重量，而是与物体的性质有关。"

这个实验曾是物理学中的一个著名的实验，它使人能够深入地了解什么是"密度"的科学定义，这是有史以来关于质量与重量之间的区别的第一次记载。

维特鲁维夫斯还是第一个描述汞能和金相互起化学反应以及汞可以用来提取金子的科学家，他写道："水银可以有多种用途，没有它，就无法在银和黄铜的表面上镀金。另一方面，金作为某些器皿的装饰，当外表已经变得陈旧和没法使用时，可以把这层金箔剥下来，然后放在泥钵中熔炼，再将熔炼后所得到的渣子倒入盛有水和水银的容器中，并将渣子捣碎研磨。这样便能使渣子中的金子全部与汞化合，便于把金子都收集起来。然后，把水倒掉，将水银和金的化合物残渣装在一个布袋内，通过挤压使水和水银都从布的细孔中流出，布袋内便会留下金渣。"

在公元前就已经发现过金汞齐,在我国出土的战国时代的鎏金器物即已说明当时人们已经学会了汞齐的制作方法,而古希腊和古罗马时代也已经用汞齐加工装饰性的包皮。在埃及,曾发现一本被称为"莱顿纸草"的古书,有力地证明了古埃及已经制得过数量可观的各种类型的汞齐,有的制作简单,有的却很复杂。在这些秘方里,其中记载金汞齐的制作方法是:"先将金叶和水银放在臼(研钵)内,然后把它们捣碎,这样就制得金液(金汞齐)。"

在这些原始资料的秘方中并不曾记载过银汞柱的制法,而且从后来的记载中也确知,古代人并没有掌握银汞柱的制法。但是铜与汞能够很好地化合却是早已被古人所掌握的,这种秘方是这样的:"铜的覆盖法——假若你想要使铜器具有银子的颜色,则只要先将铜器经过纯化(表面纯化)后,放入汞和白铅溶液中,最后只有水银完全地将铜器的表面覆盖起来。"

在这本古书的许多秘方中,还记载着汞与两种或两种以上的金属化合所生成的汞齐,它们可以用来装饰各种物件,使之成为银或琥珀金(金与银的合金)的仿制品,从种类繁多的制作汞齐的方法来看,在古代已经有了制备汞齐的良好工艺。

普里尼关于汞和辰砂的描述也很详细:"在银的矿脉中人们发现有一种矿石,用它能够产生一种液体,这种液体被人们称为水银。水银对于我们来说,是一种剧毒药,它能够穿透我们的脉管,并通过脉管对我们起毒害作用。""除了金子以外,所有其他物质都只漂浮在水银的液面上,金子这种物质能被水银所吸引,因此水银是用于精制金子的一种最好的物质。当我们将水银和金子同放在一个陶罐中使劲摇动,水银便能够将混杂在金子中的所有的杂质都除去。""当水银把金子中的这些多余的杂质都清除掉以后,剩下的事情就是如何将水银和金子分开。为此,人们把汞和金子的混合物倾倒在一个经过很好地鞣制过的皮囊中,然后使水银像一种分泌物那样通过皮囊的细孔渗透出去,最后皮囊里面便留下了纯净的金子。"

很显然,在普里尼所处的时代,汞齐化作用已经是一种人们非

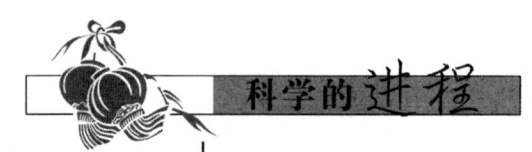

常熟悉的科学方法了。从普里尼的描述中，我们可以发现古代的人们已经掌握了用过滤的方法作为分离物质的一种手段，像普里尼所描述的把水银放在皮革里面，施以很大的压力迫使水银穿过皮革的细孔渗透出去。

普里尼还介绍了从矿石中提取水银的方法，一共有两种。一种是从劣质的铅丹中提取水银的方法，这种方法便是将矿石和醋放在臼中，然后用黄铜做的杵捣碎并研磨，就会产生汞。第二种方法是将矿石放在一个陶罐中，上面盖上一个杯形的盖子，然后再在它的上面放一个铁锅，接着用陶土将这一套装置完整地密封起来。准备完毕以后，便在陶罐底下点火，为了能使火焰持久一些，还需要借助于风箱，在操作过程中产生出来的蒸汽需要特别小心地清除掉（因为其中含有毒的水银蒸气）。待反应完毕以后，等陶罐冷却再把盖子打开，这时会发现颜色像银子一样的，而且具有流动性的物质黏附在盖子上，这些液体很容易聚集成小球而被收集起来。

在汞的化合物中，唯一为古人所熟悉的汞盐是辰砂。在古代，辰砂曾广泛地被用作颜料（涂料），同时也是制取金属汞的原料。辰砂以其鲜艳的颜色吸引着人类的注意力，维特鲁维夫斯用了大量的篇幅介绍怎样利用辰砂来达到装饰的目的。通常，人们把这种颜料与蜡混合在一起，用于室内的墙壁装饰。对于现今的化学家来说，有些历史非常让人感兴趣，像其中记载的有关鉴别辰砂这种颜料是否掺假的方法（当时有些人将辰砂和白垩混合起来作颜料，而白垩是一种白色的土，并不像辰砂那样稀有和珍贵）。为了识破这种骗局，人们便将这种矿物放在一块灼热的铁片上，如果铁片上的矿物由原来的红色转变成黑色，并且当这种被加热了的黑色物质冷却以后，它又重新恢复到原来的颜色（红色），那么我们就能够确信辰砂内没有掺假（掺入白垩）。

维特鲁维夫斯解释了这种变化发生的原因。因为将纯的辰砂加热得不是很厉害的话，它就会转变成黑色的物质，然而当它冷却以后，它又会恢复原来的颜色即由黑色转变成红色，尤其是将它磨成粉末以后，红色便更为明显。

而掺了假的颜料在加热后发生的变化是这样的：在辰砂中如果掺进了白垩，加热以后同样也会变成黑色，然而在冷却后，虽然颜料大部分能恢复原来的红色，但其中的白垩却留下了黑色的痕迹。

用现代的化学知识来说明其中发生的反应，即掺在辰砂里的白垩（氧化钙）受热后与硫化汞发生反应，于是生成了氧化汞，它再受热后又分解产生单质的汞，而在这种条件下生成的单质汞却是黑色的颗粒，而并不像一般的水银那样是银白色的液体。虽然，古代的化学知识很缺乏，人们无法剖析其中的化学原理，但是从现代化学的角度看来，他们判断辰砂颜料是否掺假的方法是完全合乎科学道理的，并且是十分有效的。

时至今日，化学这门学科已经相当发达了，然而人类早期这些关于汞的发现仍然是我们今天的知识宝库里不可缺少的部分。

戴维与钾、钠的发现

英国化学家戴维（1778—1829）出生于木匠家庭，从小就喜爱化学实验。他曾用自己的身体试验氧化亚氮（笑气）气体的毒性，发现其麻醉性，使医学外科手术发生了重大改进；他还发明了安全矿灯，解决了因火焰引起的瓦斯爆炸，对19世纪欧洲煤矿的安全开采做出了有益的贡献。但是，他一生最辉煌的成就莫过于新元素的发现。

化学家戴维

1799年，意大利物理学家伏特发现了金属活动顺序，并应用其发明了伏特电池。次年，英国化学家尼科尔森和卡里斯尔利用伏特电池成功地分解了水。从此，电在

化学研究中的应用引起了科学家的广泛关注。

1806年，戴维对前人有关电的研究进行了总结，预言这种手段除可以把水分解为氢气和氧气外，还可能分解其他物质，这一科学思想使他把电与物质组成联系起来，从而导致了一系列新元素的发现。

1777年之前，对于碱类和碱土类物质的化学成分，人们普遍认为其具有元素性质，是不能再分解的。法国化学家拉瓦锡创立氧化理论之后，则认为这两类物质都可能是氧化物。1807年，戴维决心用实验来证实拉瓦锡的想法，同时也想验证一下自己预言的正确性。最初他用苛性钾或苛性钠的饱和溶液实验，发现碱没有变化，只和水的电解结果一样。通过分析，他认为应该排除水这个干扰因素，于是改用熔融苛性钾，结果发现阴极白金丝周围出现了燃烧更旺的火焰，说明由于加热温度过高，分解出的产物立刻又被燃烧了。后来他换用碳酸钾并通以强电流，但阴极上出现的金属颗粒还是很快被烧掉了。最后，他总结教训，在密闭坩埚内电解熔融苛性钾，终于拿到了一种银白色金属，并进行实验，发现这种金属在水中能剧烈反应并产生淡紫色火焰，显然是该金属与水作用放出氢气的结果。由此，戴维判断这是一种新金属，取名为钾。不久，他又从苛性苏打中电解出了金属钠。次年，用同样方法，他从苦土（MgO）、石灰、菱锶矿（$SrCO_3$）和重晶石（$BaCO_3$）中分别又发现了新元素镁、钙、锶和钡。

1807年12月，尽管当时英法两国正进行着战争，法国皇帝拿破仑仍然颁发勋章，以嘉奖戴维的卓越成就。

金属钾被发现以后，戴维由该金属可从水中分解出氢气受到启发，认为钾也应该能够分解其他物质，于是在1808年，他将钾与无水硼酸混合，在铜管中加热，得到了青灰色的非金属硼。这样，在不到两年的时间里，戴维就发现了7种新元素，如果加上他1810年和1813年确定的氯元素和碘元素，戴维一生发现和确认的元素就有9种，这一成就使得他在元素发现史上无人能与其比肩。

维勒与钒擦肩而过

1831年初春的一天，德国化学家维勒坐在窗前，正凝神阅读他的老师——瑞典化学家贝采利乌斯的来信。此刻，他被信中关于凡娜迪斯女神的故事深深吸引了。

故事是这样写的——

很久以前，在北方一个极遥远的地方，住着一位美丽而可爱的女神凡娜迪斯。女神过着清静的日子，十分逍遥自在。

一天，突然有位客人来敲她的房门，凡娜迪斯因为身体疲乏，懒得去开门，她想："让他再敲一会儿吧！"谁知，那人没有再敲，转身走了。

女神没有再听到敲门声，便好奇地走到窗口去看："啊，原来是维勒！"凡娜迪斯有些失望地看着已经离去的维勒："不过，让他空跑一趟也是应该的，谁叫他那样没有耐心呢！"

"瞧，他从窗口走过的时候，连头都没有回一下。"说着，女神便离开了窗口。

过了不久，又有人来敲门了，他热情地敲了许久，孤傲的女神不得不起身为他开了门。这位年轻的客人名叫塞夫斯特穆，他终于见到了美丽的凡娜迪斯女神……

故事里的凡娜迪斯是一种刚刚发现不久的化学元素——钒的名称。一年前，维勒在分析一种墨西哥出产的铅矿时，发现了钒，由于钒是一种稀有元素，提纯起来很困难，加上当时维勒身体状况也不大好，提纯钒的工作便停顿了下来。

就在这时候，一位叫塞夫斯特穆的瑞典化学家在冶炼铁矿时也发现了钒，并且克服了重重困难完成了提纯工作。塞夫斯特穆用瑞典神话中一位女神的名字凡娜迪斯，给新元素取名为钒。

两位科学家都曾敲响过新元素的大门，一个半途而废了，另一个却成功了，他们所差的只是一种锲而不舍的精神。为了使维勒汲取这次教训，贝采利乌斯特意为维勒编写了这个美丽动人而又含义

深刻的故事。

贝采利乌斯是瑞典杰出的化学家，他23岁时就在斯德哥尔摩医学院担任副教授，主讲医学、植物学及药物学。贝采利乌斯不但课讲得好，而且非常注重实验，他发现了硒、硅、钍、铈和锆5种元素。他的名声遍及欧洲各国，许多爱好化学的年轻人，都不远千里来到斯德哥尔摩，求学于他的门下，维勒和塞夫斯特穆都曾经是他的学生。

在发现元素钒的过程中，贝采利乌斯不仅热情地告诫维勒，也积极地帮助塞夫斯特穆，钒的提纯工作，就是在贝采利乌斯的实验室里完成的。可以说，钒的发现是塞夫斯特穆和他的老师共同努力的结果，但是，在提交给科学院的论文上，贝采利乌斯只写了塞夫斯特穆一个人的名字，他说："我要让他独享发现的荣誉。"

药检风波与镉的发现

施特罗迈尔是19世纪德国汉诺威省哥廷根大学的化学教授，同时他还兼任汉诺威省药物总监的职务。1817年秋，施特罗迈尔奉命去希尔德斯海姆视察。一次，在一家药店里，他随手从架子上拿起一瓶药，药瓶的标签上写着"氧化锌"，可施特罗迈尔一眼就看出那不是氧化锌，而是碳酸锌，虽然这两种化学药品都是白色粉末。他进而发现，这一带的药商几乎都是用碳酸锌代替氧化锌配制一种用来治疗湿疹及癣类皮肤病的药。

这种做法无疑是违反《德国药典》规定的，作为药物总监的施特罗迈尔当然要干预过问。不过，施特罗迈尔对此很奇怪，氧化锌通常是用加热碳酸锌来得到的，其制取方法非常简便，既然如此，那些药商们何苦要冒犯法的风险，用碳酸锌来代替氧化锌呢？经过了解施特罗迈尔才知道，药商们其实也是冤枉的，他们的药品都是从萨尔兹奇特化学制药厂买进的，货运来时就是这样，而且氧化锌和碳酸锌都是白色粉末也确实不大好辨认。

于是，施特罗迈尔又追到萨尔兹奇特化学制药厂，至此真相大白。原来，萨尔兹奇特化学制药厂生产出的碳酸锌，在加热制取氧化锌时，不知为什么一加热就变成了黄色，继续加热又呈现橘红色，他们怕这种带色的氧化锌没人要，就用碳酸锌来冒充了。

施特罗迈尔对这件事非常感兴趣，因为正常的碳酸锌在加热时，会生成白色的氧化锌和二氧化碳，而不会出现变色现象，现在总是出现变色现象，这其中必有缘故。于是施特罗迈尔取了一些碳酸锌样品，带回哥廷根大学进行分析研究。

施特罗迈尔把碳酸锌样品溶于硫酸，通入硫化氢气体，得到了一种黄褐色的沉淀物，当时很多人都认为这种黄褐色物质是含砷的雄黄。如果真是这样，萨尔兹奇特化学制药厂将要承担出售有毒药物的罪名，因为砷化物是有剧毒的，这可急坏了药厂的老板。但施特罗迈尔并没有简单地下此结论，他继续分析这种黄褐色的沉淀物。不久，施特罗迈尔排除了沉淀物中含砷的可能，并宣布从中发现了一种新元素，引起碳酸锌变色的正是它！新元素的性质与锌十分相近，它们往往共生于一种矿物。新元素被命名为镉，由于镉在地表中的含量比锌少得多，而沸点又比锌低，冶炼锌时很容易挥发掉，所以它才长久地隐藏在锌矿中而未被发现。

应该提到的是，德国人迈斯耐尔和卡尔斯顿也都分别发现了镉。

镉主要用于电镀中，镀镉的物件对碱的防腐蚀能力很强；金属镉还可做颜料；镉还可以做电池原料，镉电池寿命长、质轻、容易保存。但是后来进一步的研究发现，镉也是含有剧毒的元素之一。

沃克兰与铬和铍的发现

沃克兰出生在一个农民家庭，自幼跟随父亲在田地里耕作，14岁在一家药房里当学徒，帮助药剂师洗涤烧瓶等玻璃仪器，青年时代受雇于法国化学家富克鲁瓦，当实验室助理员，因勤奋好学，1791年成为法国科学院成员，1795年任矿业学院化学教授，1799年发表《化验读本》，1811年任医学院化学教授，同年获得医学博

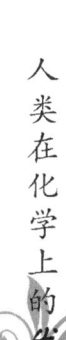

41

科学的进程

法国化学家沃克兰

士学位。

铬是1797年沃克兰从当时被称为红色西伯利亚矿石中发现的。早在1766年，在俄罗斯圣彼得堡任化学教授的德国人列曼曾经分析了这种矿石，确定其中含有铅。1770年俄罗斯科学院院士帕拉斯描述了这种矿石：有各种颜色，有些好像是朱砂（红色硫化汞）。这种沉重的矿石晶体具有不规则的四面体，嵌在石英中就像小的红宝石。

帕拉斯是一位地理学家和矿物学家，也是一位旅行家，他把这种矿石样品介绍到西欧化学实验室中。

1794年沃克兰分析了它，确定其中除铅外，还含有铁和铝。同时从另一些化学家们的报告中可以看出，其中还含有钼、镍、钴、铁和铜等。

1797年沃克兰再次分析了这种矿石。他将一份矿石粉末和两份碳酸钾共同煮沸，结果除获得碳酸铅沉淀外，还得到了一种黄色溶液。当在这种黄色溶液中加入氯化汞时，得到红色沉淀；加入氯化亚锡则变成绿色，由此他确定在这种矿石中存在一种未知的金属元素。

第二年，沃克兰果然从这种矿石中取得一种新的金属元素。他先将这种矿石溶解在盐酸中，使其中所含的铅转变为氯化铅沉淀，除去铅，然后他将所得滤液蒸发干，以提取这种金属的氧化物。他再把这种金属氧化物放入一只石墨坩埚中，混合木炭粉末，外面再罩上一只陶土坩埚，然后加热，半小时后静置冷却，打开坩埚，获得灰色针状金属。他命名这一新金属为 chrom，来自希腊文 chroma（颜色），由此得到铬的拉丁名称 chromium 和元素符号 Cr。我国曾将它音译为"克罗米"。

沃克兰不仅发现了铬，还发现了铍。

含铍的矿石有许多透明的、色彩美丽的变种，自古以来就是最名贵的宝石。在我国古代文献中记载着这些宝石，如猫精，或称猫精石、猫儿眼、猫眼石，取名于这种宝石具有浓淡不同的彩色同心圆或同心椭圆，有的中间还呈现一道浅白色光带，像猫的眼睛那样。在今天有关矿物学的书籍中它指的是金绿玉，或称金绿宝石、翠绿宝石。又如祖母绿，或称纯绿宝石、绿玉石，翠绿鲜艳；还有像海水那样蔚蓝的海蓝宝石，或称水蓝宝石、蓝晶，它们都是绿柱石的变种。

18世纪末，法国矿物学家阿羽伊研究了金绿宝石和绿柱石的结晶体和物理性质以后，发现这两种矿物质十分相似，请求化学家沃克兰进行化学分析。

沃克兰将绿柱石溶解在酸中后，添加过量氢氧化钾溶液，获得一种氢氧化物沉淀。它不溶解于过量的碱溶液，不能结成矾块，可以溶解在碳酸铵溶液中，它的盐具有甜味，这些性质与当时认识到的氢氧化铝性质不同，因而被确认是一种新金属元素。他于1798年2月15日在法国科学院宣读了他发现这一新元素的论文。

克拉普罗特普经过分析秘鲁出产的绿玉石，宣称其中含有下列成分：

氧化硅 66.25%

氧化铝 31.25%

铁的氧化物 0.50%

这样，他虽然发现了铀、铬等元素，铍却从他手里溜走了。

柏格曼也曾分析过绿玉石，结论是一种铝和钙的硅酸盐。沃克兰认为他不肯"将活跃的智慧应用到实验的细枝末节上。"

由于钇的盐类也有甜味，因此 glucinium 被改为 beryllium（铍），元素符号为 Be。虽然铍的盐有甜味，但是铍和它的化合物有毒，当吸入时，会引起呼吸器官的疾病。

1828年，德国武勒和法国伯塞分别使氧化铍与氯反应，生成氯化铍，再用金属钾取代铍，得到少量深灰色金属铍颗粒。

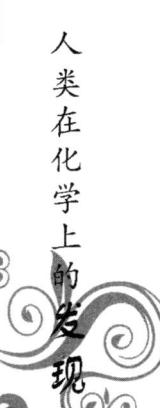

工业上冶炼铍多不是用绿柱石作为原料，在金属冶炼中铍是冶炼含氟化钙的萤石、含锂的锂辉石以及从花岗石中提取云母的副产品。

铍是一种银白色有光泽比较软的金属，比重比轻得出名的铝还小一半，它和铜以及镁可以制成轻的合金，这种合金已经应用在飞机制造中了。

稀土元素钇和铈的发现

钇和铈是两种稀土元素。稀土元素是指钪（Sc）、钇（Y）和全部镧系元素。由于它们在地壳中含量稀少，它们的氧化物与氧化钙等土族元素性质相似，因而得名。

它们在地壳中的含量不仅稀少，而且分布分散，再加上它们性质彼此很相似，因此发现、分离以及研究它们都比较困难。

镧系元素是指镧（La）、铈（Ce）、镨（Pr）、钕（Nd）、钷（Pm）、钐（Sm）、铕（Eu）、钆（Gd）、铽（Tb）、镝（Dy）、钬（Ho）、铒（Er）、铥（Tm）、镱（Yb）和镥（Lu），一共15种元素。现在明确了它们在化学元素周期表中应该位于56号元素钡（Ba）和72号元素铪（Hf）之间的一个格子里，但由于放不下，就将它们安排在元素周期表的下方。在发现它们的初期，元素的原子序数没有确定以前，它们究竟有多少种，是不明确的。直到20世纪初，1906年创立元素周期的俄罗斯化学家门捷列夫在他发表的并几经修订的元素周期表中给它们留下了一些空位，但是它们的数目和位置都是不正确的。化学家们在寻找它们时就像在茂密的森林里探索，在无垠的海洋中寻觅，前后经历了100多年，发现的稀土元素多达数十种，而它们实际只有17种，大多数在"诞生"后就"夭折"了。

由于它们混存在自然界中，它们的物理、化学性质又十分相近，因此最初发现并被承认的元素并非真正纯净的单一元素，而是几种元素的混合物。但是同样是几种元素的混合物，有的被承认

了，有的却被否定，有些发现人幸运地获得荣誉，有些发现人却被人们遗忘了。

稀土元素在最初被发现的时候并不是它们的单质，而只是它们的氧化物，而且也不是一种纯净的氧化物，只不过是含某一稀土元素氧化物的成分较多而已。

钇和铈是稀土元素中在地壳里含量较大的两种元素，因而它们在稀土元素中首先被发现。欧洲北部斯堪的纳维亚半岛上的挪威和瑞典是稀土元素矿物较丰富的产地，因而这两种元素在这个地区最先被发现。

钇的拉丁名称 yttrium 和元素符号 Y 正是从瑞典首都斯德哥尔摩附近的一个小镇乙特比（Ytterby）的名字而来，因为钇是从这个小镇上的一块黑色矿石中被发现的。1794年芬兰矿物学家、化学家加多林分析了这种矿石，发现其中含有一种当时不知道的某种金属的氧化物达38%，它的性质部分与氧化钙相似，部分与氧化铝相似，于是就把这种金属的氧化物称为钇土。后来这种矿石被命名为加多林矿，或称硅铍钇矿。1797年瑞典化学家埃克柏格证实了加多林的发现。

铈是从另一块出产在瑞典小城瓦斯特拉斯的红色重石中发现的。瑞典矿物学家、化学家克隆斯泰特在1758年发表文章说，在这种矿石中含有一种未知元素的氧化物。1803年德国化学家克拉普罗特分析了它，确定有一种新元素的氧化物存在，称其为 ochre（赭色土），因为它在灼烧时出现赭色，该元素就被命名为 ochroium，矿石被称为 ochroite（赭色矿）。同时瑞典化学家贝采利乌斯和希辛格在该矿石中也发现了同一元素的氧化物，称其为 ceria（铈土），元素被称为 cerium（铈），元素

克拉普罗特

符号定为 Ce，矿石被称为 cerite（铈硅石），以纪念当时发现的一颗小行星——谷神星 Ceres。

ochroium 和 cerium 是同一种元素，后者被采用了，前者被丢弃了。

铈硅石是含铈高达 60%~70% 的硅酸盐，它还含有多种其他稀土元素以及少量铁、钙等。

到 1814 年，贝采利乌斯在含有铈的铈硅石中也发现了钇的氧化物。这就说明最初发现的铈的氧化物是铈和钇两种氧化物的混合物。后来捷克斯洛伐克化学家布劳纳在铈的氧化物中又得到一种新元素的氧化物，称为 metaceria，可译成偏铈或亚铈氧化物。他认为铈的氧化物是白色的，而偏铈的氧化物是玫瑰棕色的。这一发现没有被证实，这可能是铈的两种不同价态的氧化物，贝采利乌斯等人最初发现的铈的氧化物是铈的低价氧化物，而布劳纳发现的铈的氧化物是高价氧化物。现在已知铈的低价氧化物是无色的，而高价氧化物是淡黄色的。

钇和铈的氧化物以及其他稀土元素的氧化物和土族元素的氧化物一样很难还原。沃克兰和甘英曾多次企图进行分离，但都没有成功。后来莫桑德尔将钾与铈的氯化物作用，获得不纯的棕色粉末；武勒也曾制得不纯的铈；1875 年希尔布朗德利用电解铈的氯化物的方法，获得了金属铈，这是今天取得稀土元素金属的一种普遍的方法。

钇和铈的发现不仅是发现了元素本身，而且带来了其他稀土元素的发现，其他稀土元素的发现正是从这两个元素的发现开始的。

阿尔费德松与锂的发现

锂是继钾和钠之后被发现的又一碱金属元素，发现它的是瑞典化学家贝采利乌斯的学生阿尔费德松。

1817 年，当时的阿尔费德松还是一个 20 岁的青年人，在分析研究从瑞典攸桃岛采得的透锂长石中，发现矿石的各组成成分的总量只有97%，缺少3%，经过反复分析后仍然是同一结果。这使他考虑到，在这种矿石中含有某种未知的元素没有被分析出来。他在进一步研究后，发现这种矿石中所含的"钠"不同于一般的钠，形成的碳酸

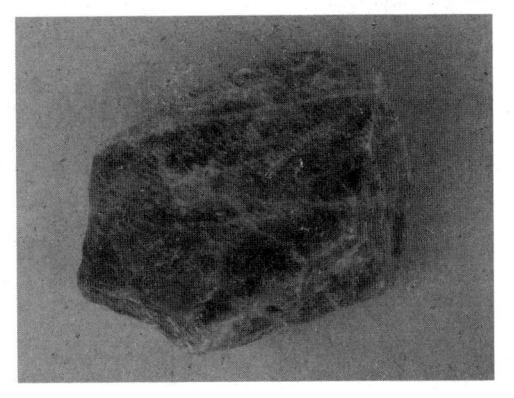

锂长石

盐只是少量溶解于水；也不同于钾，用酒石酸处理后，也不能形成沉淀。于是他认为可能有一种新金属存在。他利用该金属的硫酸盐与钾和钠的硫酸盐在水中的溶解度不同，分离出这种新金属的硫酸盐。

按照贝采利乌斯的意见，锂是从矿石中发现的，不同于钾和钠是从植物中被发现的。贝采利乌斯把这一新金属命名为lithium，该词来自希腊文lithos（石头），元素符号定为Li，我们译成锂。但是后来不久，本生和克希荷夫就利用分光镜分别从动物和植物体中发现了锂的存在。

如果单纯从锂的发现经过认为它是由化学分析而发现的一个元素，是不完全公正的。如果没有电池的发明，没有钾和钠的发现——在钾和钠被承认是新的化学元素之前——它是不可能在分析以后就迅速地被承认是一个新元素的，而且在发现它的过程中，正是通过与钾和钠的性质相比较，人们才能够认识到它的特性从而发现它。

还有一种含锂的矿石锂辉石，在阿尔费德松发现锂之前，德国化学家克拉普罗特分析过它，也发现各组成成分的总量不到100%，少了9.5%，他却因为无法说明原因而放弃了进一步的研究，因此错过了从锂辉石中发现锂的机会。

阿尔费德松曾将锂的氧化物与铁以及碳混合加热，试图获得金

属锂，但没有成功；也曾利用电流分解它的氧化物，也没有成功；后来戴维通过电解锂的氯化物得到了很少量的金属锂。

一直到1855年，本生和马西森电解熔融的氯化锂，才获得了较大量的金属锂，较详细地研究了它的性质。

锂在地壳中的含量比钾和钠少得多，它的化合物不多见，这是它比钾和钠发现得晚的必然因素。

本生与铷和铯的发现

铷和铯是由德国化学家本生和德国物理学家基尔霍夫发现的。

1851年，本生结识了德国物理学家基尔霍夫，此后二人长期合作研究光谱学，并发明了光谱分析法。

1859年，本生和基尔霍夫开始共同探索通过辨别焰色进行化学分析的方法，他们决定制造一架能辨别光谱的仪器。于是，他们把一架直筒望远镜和三棱镜连在一起，设法让光线通过狭缝进入三棱镜分光，这就是第一台光谱分析仪。

化学家本生

"光谱仪"安装好后，他们就开始系统地分析各种物质。本生在接物镜上边灼烧各种化学物质，基尔霍夫在接目镜上边进行观察、鉴别和记录。他们发现用这种方法可以准确地鉴别出各种物质的成分。

本生认为通过分析吸收光谱能够测定天体物质和地球上的物质的化学组成，还可以用来发现地壳中含量非常少的新元素。1860年，本生和基尔霍夫取来了狄克汤姆的矿泉水，将它浓缩后，再除去其中的钙、锶、镁、锂，将制成的母液用来进行光谱分析。当他们将一滴试液滴在本生灯的火焰上，除了在分光镜中看到了钠、钾、锂的光谱线之外，还能看到两条显著的蓝线，他们为此进行查对，发现在当时已知的元素中，没有一种元素能在光谱的这一部分显现出这两条蓝线，因此他们确定试液中含有一种新元素，它属于碱金属。他们把它命名为铯（Cs），即指它的光谱像天空的蓝色。

1861年，本生和基尔霍夫将处理云母矿所得的溶液，加入了少量氯化铂，发现有大量沉淀物产生。在分光镜上鉴定这种沉淀物时，只看见了钾的光谱线。后来，他们用沸水洗涤这种沉淀，每洗一次，就用分光镜检验一遍。他们发现，随着洗涤次数的增加，从分光镜中观察到的钾的光谱线逐渐变弱，最后终于消失，同时又出现了另外两条深紫色的光谱线，它们逐渐加深，最后变得格外鲜明。它们不属于任何已知元素，新元素被命名为铷。

居里夫人发现钋和镭

居里夫人原名玛丽·斯克罗多夫斯卡，她的丈夫是法国著名物理学家、巴黎大学教授皮埃尔·居里。她出生于波兰，是法国籍的物理学家、化学家，世界著名科学家。镭和钋两种天然放射性元素就是她发现的。

1896年，法国物理学家贝克勒尔发表了一篇工作报告，详细地介绍了他通过多次实验发现的铀元素。铀及其化合物具有一种特殊的本领，能自动地、连续地发出一种人的肉眼看不见的射线，这种射线和一般光线不同，能透过黑纸使照相底片感光，它同伦琴发现的伦琴射线（X射线）也不同，在没有高真空气体放电和外加高电压的条件下，能从铀和铀盐中自动发出。铀及其化合物不断地放出射线，向外辐射能量，这使居里夫人对它产生了极大的兴趣：这些能量来自什么地方？这种与众不同的射线的性质又是什么？居里夫人决心揭开它的秘密。1897年，居里夫人选定了自己的研究课题——对放射性物质的研究。这个研究课题把她带进了科学世界的新天地，她辛勤地开垦了一片处女地。1898年，她和丈夫在沥青铀矿中发现了一种放射性元素，为纪念祖国波兰，取名为钋。1898年12月，居里夫人电解纯的氯化镭溶液，用汞作阴极，先得到镭汞

49

齐，然后蒸馏去汞，获得放射性金属镭。钋和镭的发现是近代科学史上最重要的发现之一，它奠定了现代放射化学的基础，为人类做出了伟大的贡献。

1906年，居里夫人的丈夫皮埃尔·居里教授因车祸去世，居里夫人承受着巨大的痛苦，她决心加倍努力，完成两个人共同的科学志愿。巴黎大学决定由居里夫人接替居里先生讲授物理课，居里夫人成为巴黎大学著名的有史以来的第一位女教授。

实验中的居里夫妇

还是在居里夫妇分离出第一批镭盐的时候，他们就开始了对放射线性质的研究，仅1889年到1904年间，他们就先后发表了32篇学术报告，记录了他们在放射科学上探索的足迹。

提取纯镭所需要的沥青铀矿，在当时是很昂贵的，他们从自己的生活费中一点一滴地节省，先后买了八九吨，在居里先生去世后，居里夫人把千辛万苦提炼出来的，价值高达100多万法郎的镭，无偿地赠送给了研究治癌的实验室。

1914年，巴黎建成了镭学研究院，居里夫人担任了学院的研究指导；之后她继续在大学里授课，并从事放射性元素的研究工作。

其他金属元素的发现

铜的发现

铜是人类发现最早的金属之一，在新石器时代晚期，人类最先使用的金属就是"红铜"（"纯铜"）。

红铜起初多来源于天然铜。在石器作为主要工具的时代，人们

在拣取石器材料时，偶尔遇到天然铜。人们长期对火的使用，以及制陶的丰富经验，为铜的冶炼奠定了基础。

在发掘出的公元前5000年的考古遗迹中，就有铜打制成的铜器；公元前4000年左右，铜的铸造技术已普及；公元前3000年左右，铸铜技术传到印度，后来传到我国；到公元前1600年左右的我国殷朝，青铜器制造业已很发达。

铁的发现

人类最早发现和使用的铁是从天空中落下来的陨铁，陨铁是铁和镍、钴等金属的混合物，其含铁量较高。在自然界，分布在地壳中的铁都以化合物的状态存在。

铁矿石是地壳主要组成成分之一，铁在自然界中的分布极为广泛，但人类发现和利用铁却比黄金和铜要晚。首先是由于天然的单质状态的铁在地球上非常稀少，而且它容易氧化生锈，加上它的熔点又比铜高得多，就使得它比铜难于熔炼。人类最早发现的铁是从天空落下来的陨石，陨石中含铁的百分比很高，是铁和镍、钴等金属的混合物，在加工铁矿石的方法尚未问世之前，人类不可能大量获得生铁的时候，铁一直被视为一种带有神秘色彩的极其珍贵的金属。

镁的发现

1755年，英国的卜拉克指出苦土（氧化镁）与石灰为截然不同的两种物质。1808年，英国人戴维使钾蒸气通过热的白镁氧（氧化镁），并用汞提取被还原的镁。他还用汞作阴极电解了硫酸镁、氧化镁，从而首先发现了镁，但他得到的是一种汞齐形式的镁。

法国科学家布西于1828年用金属钾熔融无水氯化镁，第一次得到了真正的镁。1831年，布西将该金属命名为"镁"。镁的命名取自希腊文，原意为"美格尼西亚"，因为在希腊的美格尼西亚当

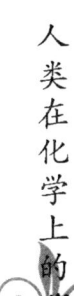

时盛产一种名叫苦土的镁矿，古罗马人把这种矿物称为"美格尼西·阿尔巴"，意思是"白色的"。

钙的发现

钙的多种化合物，如碳酸盐、石灰石、石膏等都为古代所用的建筑材料。

1808年，英国化学家戴维在得到钾、钠之后，继续用电解方法分解石灰，得到钙。在此之前的18世纪，大多数化学家都认为石灰（主要成分是氧化钙）和重土（主要成分是氧化钙）是元素，但拉瓦锡却相信这两种物质是氧化物。戴维同意这种见解，他先后采用了强力电解法、钾还原法、石灰与碳酸钾混合熔化再电解的方法、石灰与氧化物混合再电解的方法等，但都未制得钙。后来，瑞典化学家贝采利乌斯写信告诉他，瑞典医生蓬丁曾将石灰和水银的混合物加以电解，并成功地分解了石灰。戴维受到极大启发，他将潮湿的石灰与氧化汞按3∶1混合，放在白金片上，并且在混合物中央挖个洞，放入水银，再用石脑油将混合物盖上，以白金为阳极，以汞为阴极进行电解，成功地制得了钙汞齐，再蒸出其中的汞，就得到了银白色的金属钙。

锰的发现

古代炼金术常用黑锰矿（软锰矿）做漂白玻璃的材料。当时人们分不清黑苦土与黑锰矿的区别。

瑞典著名化学家、矿物学家贝格曼曾对软锰矿进行研究，他认为锰不存在于碱土族化合物的苦土矿中，并指出软锰矿中含有一种新金

软锰矿

属的氧化物，但未把这种新金属还原出来。此后，舍勒花了三年时间，做了种种实验，于1774年确定软锰矿中含有一种新金属的氧化物，并将该金属定名为"锰"。

1774年，瑞典矿物学家甘恩将一只坩埚盛满潮湿的木炭粉，再把用油调过的软锰矿放在木炭正中，用泥密封加热一小时，得到了一颗纽扣大小的锰粒。

钛的发现

1791年，英国分析化学家格列高尔在铁矿砂中发现了一种新的金属，这种金属具有当时已知的任何金属都不具备的奇特性质。1795年德国的化学家马丁·克拉普特对这种金属又进行了深入的研究，并根据希腊神话中大地女神之子的名字"泰坦"，给这种金属起了个名字叫钛。

钛占地壳元素组成的0.6%，在地壳金属含量中居第四位。不仅地球上有钛，从月球上采集的岩石标本中也含有丰富的钛。从矿石中提炼钛，不是一件容易的事，一般采用的方法是利用镁对氯的化合力比钛强的特点，在高温下用熔融状态的镁从

海绵钛

气态的四氯化钛中将氯夺出来，这样就得到单质钛。用这种方法制得的钛疏松多孔，呈海绵状，人称"海绵钛"。将"海绵钛"在真空下或惰性气体中熔化提炼，便可获得较纯净和致密的钛。钛比铝的密度大，但硬度却比铝高。如制成合金，其强度可提高数倍。因此，钛非常适于制作飞机、航天器的外壳及有关部件等。

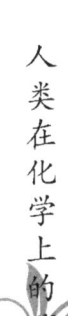

锗的发现

1871年,俄罗斯化学家门捷列夫发现元素周期律时预言一种未知元素"类硅"的存在,并根据周期律推断出它的许多性质。在1886年,德国化学家文克列尔用光谱分析法分析硫银锗矿时,发现了这种"类硅"的新元素,并命名为锗(Ge),意在纪念德国。

文克列尔用氢气使硫化锗还原为金属锗,研究了它的性质,并与门捷列夫推论的性质作了对比,当文克列尔看到自己所发现的锗与门捷列夫所预言的"类硅"性质如此接近,他大为惊奇。他认为再也没有什么能比"类硅"的发现能这样好地证明元素周期律的正确性,他不仅证明了这个推论,他还扩大了人们在化学方面的眼界。

钪的发现

1869年,门捷列夫曾预言"类硼"元素的存在。

1879年,瑞典化学家尼尔逊分析一种从斯堪的那维亚半岛采集来的矿样——硅铍钇矿和黑稀金矿时,发现一种新的土质氧化物,进一步研究这种氧化物时,发现其中含有一种新元素,它的特征几乎与门捷列夫预言的第21号元素——"类硼"完全符合。尼尔逊将这种新元素"类硼"命名为"钪"。

镓的发现

1875年,法国化学家布瓦博德朗在用光谱分析法分析从比利牛斯山的闪锌矿中得到的提取物时,发现了门捷列夫在周期表中预言的"类铝"——镓。他先把矿石溶解,再加入金属锌于溶液中,即在锌上有沉淀生成,此沉淀用氢氧焰燃烧,再用分光镜检查,发现两条从未见过的光谱线,进一步研究后确定为一种新元素。当年,他用电解方法制得这种金属。

钫的发现

钫是由法国核化学家帕雷伊在铀的天然放射中发现的。

从1929年开始,帕雷伊在巴黎的镭研究所担任化学家居里夫人的助手,开始了她的科学研究生涯。1940年调到斯特拉斯堡大学,1949年任核化学教授,1958年任核研究中心主任。

1939年,帕雷伊在锕227的放射性衰变产物中发现除了意料中的β粒子外,还有α粒子。而α粒子是原子量为4的氦核,这就意味着帕雷伊已发现了质量为223的核素。进一步的研究表明,它就是那个原子序号为87的元素,帕雷伊在1945年命名它为钫(Fr)以纪念法兰西。

金属活动性顺序的诞生

世界上最早对金属的活动性进行排顺的人,是瑞典的著名化学家贝采利乌斯。

贝采利乌斯对元素的电负性和电正性进行过大量研究,经过实验总结,他把氧看成是电负性最大的元素,即是说,在所有的氧化物中,氧都是电负性最强的元素;他还把钾视为电正性最大的元素,因为在钾的化合物中,钾总是带正电的。1811年,他还按照元素电正性递增的次序,把当时已发现的53种元素排列如下:

O, S, N, F, Cl, Br, I, Se, P, As, Cr, Mo, W, B, C, Sb, Te, Ta, Ti, Si, H, Au, Os, Ir, Pt, Rh, Pd, Hg, Ag, Cu, U, Bi, Sn, Pb, Cd, Co, Ni, Fe, Zn, Mn, Ce, Th, Zr, Al, Y, Be, Mg, Ca, Sr, Ba, Li, Na, K。

这种排列方式被称为电化次序,它对于认识元素及其化合物的性质有一定的参考作用。

此表的编制毕竟是多年以前的事了,由于受当时科学技术水平的限制,对各种元素的情况只能是定性猜测,不可能进行定量实验,因此难以准确描述。为此,贝采利乌斯也曾说过,这个顺序可

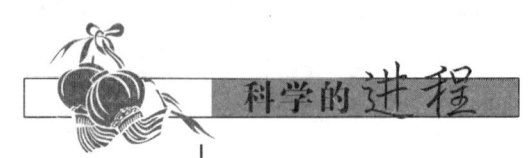

能还要进一步通过实验来修改,不过,他毕竟最先进行了这方面的尝试。

俄国物理化学家贝开托夫在讲授物理化学课时,发现贝采利乌斯的元素正电性次序表很不准确,而且其研究方法也有问题,认为他单凭一些简单的现象,进行主观的推测,不会得到准确的结果。

为此,贝开托夫另辟蹊径。他想,如果能找到一种参比物使金属都与之发生作用,看一看反应的难易程度,以此来判断金属活动性的大小。

他按照这种设想,以水为参比物,潜心研究金属与水反应的情况。通过实验,他发现,钾、钠跟水反应十分激烈;钙跟水反应比较缓慢;在常温下,镁跟水反应非常缓慢;铁和镍在常温下不跟水反应,只有在过热的情况下才能跟水蒸气反应放出氢气;汞、银等金属在更强烈的条件下也不能跟水发生反应。然而,当他将氢气在一定压力下跟汞盐、银盐相作用时,金属反而被氢置换,生成单质汞和银。

贝开托夫在总结大量实验事实的基础上,经过周密的分析判断,于1885年发表了《一些元素被另一些元素所置换现象的研究》的论文,把所有的金属都包括进去,提出了如下的金属活动性顺序:K, Na, Ca, Mg, Al, Mn, Zn, Fe, Ni, Sb, Pb, H, Cu, Hg, Ag, Pt, Au。

这个金属活动性顺序是科学实验的结晶,很快就被化学界公认。20世纪70年代以前,化学界都广泛采用此顺序来研究化学中的有关问题。

随着科学技术的进步,人们发现在溶液中的金属之间的置换反应,不仅与金属的原子结构有关,还与溶液中的金属离子及氢离子浓度有关。当测定的温度、溶液浓度、酸度有变化时,金属的置换顺序也将发生变化。为了准确地测出金属的置换顺序,必须对一些测定条件进行统一规定。为此,科学家们开始对金属单质和金属离子在溶液中的反应,进行精细的、系统的、定量的研究。他们将温

度定为 25℃，将溶液里的金属离子浓度及氢离子浓度都控制为一个固定值，将氢气压力定为 1 个大气压，对各种纯金属进行精确的测定，并以新的测定结果对贝开托夫的金属活动顺序进行修改。现在各种教科书中选用的都是修改后的金属活动性顺序，为：K, Cs, Na, Mg, Al, Mn, Zn, Fe, Ni, Sn, Pb, H, Cu, Hg, Ag, Pt, Au。

非金属元素的发现

磷元素的发现

民间传说中的"鬼火"，就是一种磷的氢化物产生的自燃现象，自然界中的这种磷的氢化物是由人及动物的尸体腐烂分解而形成的，它是一种气体，当遇到空气，就会自动地燃烧起来。磷从此有了正式的名称，叫做"发光体"。

有趣的是，最早发现的磷是从尿液中提取出来的。尿液的成分，除了绝大部分是水之外，主要是尿素。此外还有一些新陈代谢的废物，其中便含有极少量的硫、磷等元素，而且是以极其复杂的有机化合物的形式存在的，只有在经过长时间的发酵蒸发后，才能变成磷酸盐。

磷原来以多种形式的化合状态遍布于人及动物体内，主要的有各种酶及促使营养成分发生同化作用的、为生理需要提供活力机制的、含磷的有机化合物。另外磷也存在于骨骼和牙齿中。平常，我们所吃的食物里，都普遍地含有磷。同时由于人类饮食情况的不同，排泄物中所含磷的量也有所不同。

磷可以形成各种各样的化合物，要用磷的化合物来制取单质，都需要经过复杂的化学反应。工业生产上，经常是以磷矿石为原料，加上石英和焦炭，再经过 1 500℃ 的高温，产生的磷蒸气在隔

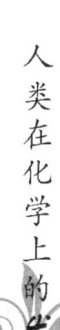

绝空气的状态下,将磷蒸气冷凝到凉水中,成为固态的白磷。

德国人孔柯尔在 1687 年从尿液中制出了磷;1680 年,英国的化学家玻意耳和他的助手德国人亨克维茨,独立地从尿中制出了磷,并对制法加以改进,大量生产使其成为商品;1775 年,瑞典化学家舍勒又从骨头中制出了磷。

氯元素的发现

在发现氯气前,人们就发明了盐酸。把食盐加入浓硫酸所产生的气体用水吸收后,便形成了一种有酸性的液体,这种液体被称为盐酸。

单质的氯气第一次是用盐酸加软锰矿粉制出来的。

氯气的发现应该归功于瑞典化学家舍勒(1742—1786),他是在 1774 年发现这种气体的,当他加热黑色的二氧化锰与盐酸的混合物时,产生了一种烟雾。在氯这种元素被发现以后,人们把这种气体叫做脱燃素的盐酸气,因为按照当时流行的说法,把盐酸中所含的氢称为燃素,这样在制备氯气的过程中,锰取代了盐酸中的氢,从而得到氯气,用当时的术语便是锰取代了燃素,因此就被当做盐酸脱掉燃素以后产生的一种气体。

舍勒制备了氯气以后,把它溶解在水中,却发现这种水溶液对纸张、蔬菜和花都具有漂白作用;他还发现氯气能与金属化合物发生化学反应。从 1774 年舍勒发现氯气以后,一直到 1810 年,这种气体的性质先后经过贝托霍、拉瓦锡、盖-吕萨克、泰纳、贝采利乌斯等人的研究,然而第一个指出氯气是一种化学元素的科学家却是戴维,他在伦敦英国皇家学会上宣布这种由舍勒发现的气体是一种新的化学元素,它在盐酸中与氢化合。他将这种化学元素定名为氯,这个名称出自希腊文"Chloro",这个词有多种解释,例如"绿色"、"绿色的"、"绿黄色"或"黄绿色"。戴维的这种推论获得了公认。

碘元素的发现

19世纪初叶，法国的拿破仑发动了征讨欧洲的战争。

战争需要大量火药，当时还没有发明安全炸药，人们只能采用传统的方法，用硝酸钾（就是硝石）、硫磺和木炭制造火药。顿时，硝酸钾的供应紧张起来。为了解决战争的需要，很多人都积极地开办生产硝酸钾的工厂，其中法国化学家库图瓦跟随他的父亲在海边捞取海藻，然后从海藻灰中提取硝酸钾。

1811年的一天，库图瓦按照惯例，把海藻灰制成溶液，然后进行蒸发。溶液中的水量越来越少，白色的氯化钠（食盐）最先结晶出来。接着，硫酸钾（一种常用的肥料）也析出来了。下面，只要向剩余的海藻灰溶液里加入少量硫酸，把一些杂质析出来，就能得到比较纯的硝酸钾溶液了。

谁知就在这时，一只花猫突然跑了过来，它的爪子碰倒了放在装海藻灰溶液的盆子旁边的硫酸瓶，瓶里的硫酸不偏不倚几乎全部流进了装海藻灰溶液的盆里。

眼前突然出现了奇怪的景象：一缕缕紫色的蒸气从盆中冉冉升起，像云朵般美丽，库图瓦简直看呆了。他忽然想起，应该把这些紫色的蒸气收集起来，便拿起一块玻璃放在蒸气上面。

库图瓦原以为会得到晶莹透亮的紫色液珠，就像水蒸气遇到冷的物体，会凝结成水珠一样。可是出乎意料，他得到的却是一种紫黑色的晶体，它们像金属那样闪闪发亮。

库图瓦仔细研究了这种未知物，发现这种未知物的许多性质不同寻常，比如，它虽闪耀着金属般的光泽，却不是金属；虽是固体，却又很容易升华，即不经过液态而直接变为气态；它的纯蒸气是深蓝色的，紫色的蒸气是因为混有空气的缘故，等等。

1813年，经英国化学家戴维和法国化学家盖-吕萨克研究，证实库图瓦发现的是一种新元素，盖-吕萨克给它命名为"碘"。碘在希腊文中的意思是"紫色的"。

在 19 世纪后半叶，有一位年轻的医生听说印第安人相信有某种盐的沉淀物可以治疗甲状腺肿大，就取了一些样品送请法国的农业化学家布森戈进行分析，布森戈发现这种盐沉淀物中含有碘，便建议人们用含碘化合物治疗甲状腺肿大。尽管这个建议曾被漠视长达半个世纪，最后还是被医学界接受了。

1911 年，在庆祝碘发现 100 周年时，人们在库图瓦的故乡竖起了一块纪念碑，以纪念他在科学上的重要发现。今天，人们更进一步认识到碘对于人体健康，特别是儿童的智力发展有着极其重要的作用，而在我国早已提倡食用含碘盐。

硒元素的发现

硒是在自然界中分布很广的一种元素，据估计，地壳中的硒储量比锑、银、汞等大几倍到几十倍，比元素金加上所有铂族元素的总和差不多还要大 100 倍。它和锗、硅的性能相似，是一种典型的半导体，在工业生产中有很多应用。

硒是在 1817 年由瑞典化学家贝采利乌斯发现的。

在距瑞典斯德哥尔摩西北约 60km 的地方，有一个叫法龙镇的地方。

法龙镇是瑞典历史悠久的一个矿区，它从 13 世纪起就是一座重要的铜矿，同时还有黄铁矿的开采。瑞典一些重要的硫酸工厂，都从这里获取黄铁矿的原料。

1817 年，化学家贝采利乌斯曾参与了一家硫酸工厂的经营，这家工厂所用的原料就是来自法龙镇的黄铁矿。工厂的老板毕尤格林先生发现，利用法龙镇的黄铁矿所得的硫磺，在制取硫酸过程中，总会在铅室的底部凝结有红色粉末状物质；如果改用别处的硫磺为原料，在铅室的底部就没有这种现象发生。后来，毕尤格林就找了几位化学家一起去研究这一现象。他们认为，在铅室底部沉积的物质中可能含有砷。毕尤格林害怕烧灼砷会造成中毒事故，因此就不再采用法龙镇出产的黄铁矿了。

贝采利乌斯以一个化学家所特有的敏感预见到，这里面一定有在科学上值得研究的内容。于是，他首先燃烧了 250kg 法龙镇出产的黄铁矿，得到了一定数量的硫磺，而沉淀的红色粉末却只有 3g 左右。他仔细地分析了这 3g 物质，发现其中最主要的成分仍然是硫磺。贝采利乌斯把燃烧后的灰烬收集起来，再将它用试管加热，发现产生了一股腐败蔬菜的臭味，直冲鼻子。贝采利乌斯被呛得有点受不了，头也痛起来了，他马上打开了实验室的窗户，苦苦地思索着：在他所熟悉的物质中，哪种元素燃烧后的味道是这样的呢？难道这正是"地球"？

贝采利乌斯在激动之余立即挥笔写信给在英国的好友——马塞特博士——告诉对方，被德国化学家克拉普罗兹命名为"地球"的元素碲在这里被发现了。信刚刚寄出去，他却又疑惑起来，红色粉末燃烧的气味虽与克拉普罗兹实验时发现的物质产生的气味相同，但并没有分离出碲的单质来，怎么能肯定这一定是碲呢？

于是，贝采利乌斯便把铅室底部所沉积的红色粉末全部取出来，不厌其烦地进行了反复实验，经过多次认真分析、比较，他认为这发出臭味的果然不是碲，而是一种从未被人们所认识的新的元素。1818 年 2 月，贝采利乌斯写了一封信给马塞特博士，在信中他纠正了前次信中的错误，并把自己的新发现告诉了这位英国化学家。

"能够放出一种特殊臭味的那种物质，据我审慎研究之后得出结论：它是一种不溶于水的棕色物质，是一种具有燃烧性的单质，以前无人发现过，因此我特命名为 Selenium（硒）。此字系由 Selene（月亮）变化而来，以表示此种物质与碲的性质相似。硒的化学性质介于硫与碲之间；如再仔细加以比较，则与硫相近之点比碲更多些。"

硒自从问世之后，很快就在人类的生产和生活中发挥了重要作用。在城市马路的十字路口，都安装有指挥车辆行驶的红绿灯，而所谓"红灯"，就是在无色玻璃里加一定量的硒制成的。在一些高

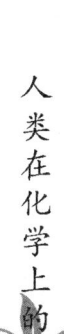

大建筑物如博物馆、剧场的顶端常常安装含有硒的玻璃制成的五角星,夜间看去,它像宝石似的闪闪发光。另外,硒对光非常敏感,在充足阳光的照射下,它的导电效能要比在黑暗时大1 000多倍!科学家就利用硒对光敏感的特殊功能制成了光敏电阻、光电管、光电池等,用在自动控制、电视等技术上。硒的半导体功能更不能忽视,用它做成的用于无线电检波和整流的硒整流器,具有耐高温、电稳定性好、轻巧以及能承受超负荷等优点。硒还被应用于橡胶工业及染料工业方面。

贝采利乌斯除了发现硒之外,还先后发现了硅、钍、铈、锆4种元素。

溴元素的发现

德国化学家李比希

1826年的一天,德国化学家李比希在翻阅一本科学杂志时,被一篇题为《海藻中的新元素》的论文吸引住了。论文的作者是一个陌生的名字,叫巴拉尔,23岁,法国人。巴拉尔在文中写了他在用海藻液做提取碘的实验时,发现在析出碘的海藻液中,沉积着一层暗红色的液体。经过研究,它是一种新元素,这种元素有一股刺鼻的臭味,所以给它取名溴……李比希一连看了几遍,突然快步走向药品柜,从架子上找到一个贴有"氯化碘"标签的瓶子。李比希擦去瓶子上的灰尘,摇了摇里边装着的暗红色液体,又打开瓶盖用鼻子嗅——果然有一股刺鼻的臭味。

原来,几年前,李比希在做制取碘的实验时,按步骤向海藻液中通入氯气,以便置换出其中的碘来。他在得到紫色的碘时,还看到了沉淀在碘下面的暗红色液体。当时,李比希并没有多想,他甚至主观地认为:既然这暗红色液体是通入氯气后生成的,那么它一定是氯化碘了。他在装着这种暗红色液体的瓶子外边贴了一张"氯化碘"的标签，就将它搁置在一旁了。

此刻，李比希感到懊悔不已——假如当时自己稍微认真一点，那溴的发现就该属于自己、属于德国！然而，机会全让自己错过了，李比希深深地谴责着自己。为了吸取这次教训，他把那只贴着"氯化碘"标签的瓶子小心地放进一个柜子里。这个柜子，李比希给它取名叫"错误之柜"，里边集中了他在工作中的失误和教训。李比希时常打开这"错误之柜"看看，用来提醒自己。

"死亡元素"——氟的发现

在所有的元素中，要算氟最活泼了。

氟是一种淡黄色的气体，在常温下，它几乎能和所有的元素化合：大多数金属都会被它腐蚀，甚至连黄金在受热后也会在氟气中燃烧！如果把氟通入水中，它会把水中的氢夺走而放出氧气。

人们在1768年就发现了氢氟酸，并认为它里面有一种新元素。很多化学家都在实验室里进行实验，试图从氢氟酸中制出单质氟来。

氢氟酸是氟化氢气体的水溶液，它具有很强的腐蚀性，玻璃、铜、铁等常见的东西都会被它"吃"掉，即使用很不活泼的银做容器，也不能安全地盛放它。氢氟酸能挥发出大量的氟化氢气体，而氟化氢有剧毒，吸入少量就会非常痛苦。

尽管化学家们在实验时采取了许多措施来防止氟化氢的毒害，但由于氢氟酸的腐蚀性过强，许多化学家由于在实验中吸入了过量的氟化氢气体而死去了，还有许多化学家由于中毒而损害了身体健康，被迫放弃了实验。由于当时的科学水平有限，大部分化学家都停止了实验，人们在谈到氟时都把它称为"死亡元素"。氟真的就是"死亡元素"吗？

答案是否定的，在1886年，英国化学家莫瓦桑在总结前人的经验教训并采用先进科学技术的基础上终于制出了氟气。

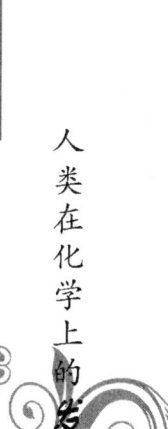

科学的进程

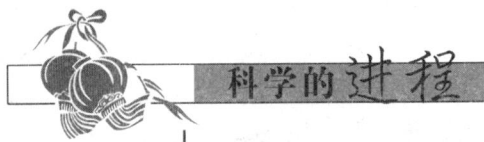

化学家莫瓦桑

莫瓦桑采用金属铂制成电解容器，以铂铱合金为电极，他认为这些金属的化学性质极不活泼，绝大多数的化学药品都不能腐蚀它，也不会发生反应，很有可能也不会被氟气腐蚀。他在这一电解容器中，放入氢氟化钾和无水液体氟化氢的混合物，充分运用冷却剂冷却到零下二十几摄氏度，然后通上电流，让容器里的化学物质发生分解反应。聪明的莫瓦桑又想到，用玻璃导管和玻璃瓶来导出和收集氟气是行不通的，因为他知道氢氟酸能腐蚀玻璃，这也是其他酸所没有的特性。再根据氯气的性质，他推断出氟气必然会跟单质硅发生剧烈的反应，因此莫瓦桑便采用以单质硅来检验氟气是否存在。他打开电解容器上用萤石做成的帽盖，伸入一根硅条，这时阳极上面的硅条突然燃烧起来，这个现象表明，阳极这一边已经产生了大家盼望已久的氟气。

活泼的氟终于被人类征服了。

人工合成元素的开始

卢瑟福奠定理论基础

科学家已经了解到，原子是由原子核和电子组成的，原子核又是由质子和中子组成的，而且他们还掌握了强大的足以轰开原子核大门的武器，所以人类能够把原子分裂开来，并重新组成新的原子。为这一研究工作奠定理论和实验基础的是英国化学家、物理学

家卢瑟福。

1911年，卢瑟福进行了著名的α粒子轰击金箔的实验，他发现大多数α粒子能够穿过金箔继续向前行进，也有一部分α粒子改变了原来行进的方向，但改变的角度不大。只有极少数的α粒子被反弹了回来，好像碰到了坚硬的不可穿透的物体。

卢瑟福认为，这个实验说明金原子中有一个体积很小的原子核，原子的质量和正电荷都集中在原子核内。α粒子通过原子中的空间部分时，不会受到阻力，可以顺利地穿过，但如果碰到原子核，则互相排斥（α粒子和原子核都带正电），α粒子就会被弹回来。

英国化学家卢瑟福

卢瑟福设想，金原子核中有79个质子和118个中子，质量太大，α粒子和金原子核之间的排斥力也太大，并不能把金原子核轰开。如果采取两种措施：一方面用能量很高的α粒子来轰击；另一方面，把被轰击的对象改为轻的原子核，例如氮原子核（含有7个质子和7个中子）。那么，α粒子与氮原子核之间的排斥力要小得多，也许能量很高的α粒子有可能把氮原子核轰开。

实验的结果确实像卢瑟福设想的那样，α粒子钻进了氮原子核以后，α粒子中的两个质子和两个中子与氮原子核中的7个质子和7个中子重新组合后，变成了1个氢原子和1个氧原子。

1个原子的原子核被轰开以后，变成了另外两个原子，这意味着化学家已经能够用人工方法合成化学元素了。卢瑟福的发现还改变了19世纪以来化学界认为"元素永远不变"的理论。无疑，这位曾经获得1908年诺贝尔化学奖的科学家的探索具有开创性的意义。

虽然卢瑟福将原子分裂后得到的都是一些轻元素，但是，想要

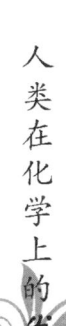

科学的进程

用人工的方法获得重元素也是可能的。只要能够制造出威力更强的"大炮",发射出各种高能粒子,就能达到目的。1929年,美国加州大学物理系教授劳伦斯设计出回旋加速器,被加速的带电粒子的速度接近光速,具有极高的能量。

1940年起,美国化学家西博格和麦克米伦等人,用回旋加速器产生的高能粒子轰击不同元素制成的靶,先后用人工方法制得了镎、钚等9种人造元素。各国科学家发现的95号到112号元素,都是在进行原子核反应时制造出来的。

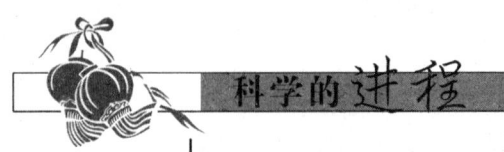

西博格

第一个人造元素

从1925年起,经过整整9年,直到1934年,法国科学家弗列特里克·约里奥—居里和他的妻子伊纶·约里奥—居里(镭的发现者居里夫人的女儿)才找到进行原子"加法"的办法。

当时,他们在巴黎的镭学研究院工作。他们发现,有一种放射性元素——84号元素钋的原子核,在分裂的时候会以极高的速度射出它的"碎片"——氦原子核,而氦原子核里含有两个质子。

于是,他们就用这种原子核作为"炮弹",去向金属铝板"开火"。出人意料的是,这一轰击出现了奇迹,铝竟然变成了磷!铝,银闪闪的,是一种金属;磷,却是非金属。铝怎么会变成磷呢?

铝是13号元素,它的原子核中含有13个质子。当氦原子核以极高的速度向它冲来时,它就吸收了氦原子核。氦核中含有两个质子,这样,铝的原子核中就有了15个质子,于是,形成了一个含有15个质子的新原子核,而15号元素是磷。就这样,铝像变魔术似的,变成了另一种元素——磷!

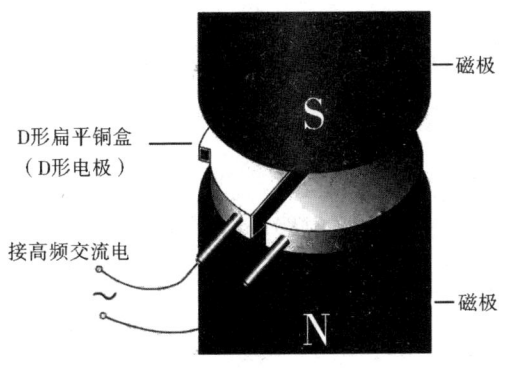

回旋加速器

在这之后不久，美国物理学家劳伦斯发明了"原子大炮"——回旋加速器。在这种加速器中，可以把某些原子核加速，像"炮弹"似的以极高的速度向别的原子核进行轰击。这样一来，就为人工制造新元素创造了更加有利的条件，劳伦斯因而获得了诺贝尔物理学奖金。

1937年，劳伦斯在回旋加速器中用含有1个质子的氘原子核去"轰击"42号元素——钼，结果制得了第43号元素。

鉴于前几年人们接连宣称发现失踪元素，而后来又被一一推翻，所以这一次劳伦斯特别慎重，他把自己制得的新元素送给了意大利著名的化学家西格雷，请他鉴定。西格雷又找了另一位意大利化学家佩里埃进行仔细分析。最后，这两位化学家向世界郑重宣布——人们寻找多年的43号元素，终于被劳伦斯制成了。这两位化学家把这种新元素命名为"锝"，希腊文的原意是"人工制造的"。

锝，成了第一个人造元素！

当时，他们制得的锝非常少，总共才$1×10^{-10}$g。后来，人们进一步发现：锝并没有真正地从地球上失踪，其实，在大自然中也存在着极微量的锝。

1949年，美籍华人女物理学家吴健雄以及她的同事从铀的裂变产物中发现了锝。据测定，1g铀全部裂变以后，大约可提取

67

26mg 锗。

另外，人们还对从别的星球上射来的光线进行光谱分析，发现在其他星球上也存在锗。

这位"隐士"的真面目终于被人们弄清楚了：锗是一种银闪闪的金属，具有放射性，它十分耐热，熔点高达2 200℃。有趣的是，锗在零下265℃时，电阻就会全部消失，变成一种没有电阻的金属！

追踪43、61、85、87号元素

X射线的发现为周期表的历史开辟了一个新的时代。1911年，英国物理学家巴拉克发现，当X射线被金属散射时，散射后的X射线的穿透本领会随着金属的不同而完全不同。

1914年，英国青年物理学家莫塞莱确定了各种金属所产生的标识X射线的波长，并得到了一个重要的发现：各元素的波长非常有规律地随着它们在周期表中的排列顺序而递减。这使得各种元素在周期表中应处的位置被完全固定下来了。如果周期表中有两个挨在一起的元素，它们所产生的标识X射线的波长差比原来预期的差值大一倍的话，那么，它们之间肯定有一个属于未知元素的空位；如果两个元素的标识X射线的波长差同预期值并没有出入，那么，就可以肯定它们之间并不存在着待填补进去的元素。这样，人们就能确切地知道元素的数目了。

化学家们当时把元素按照原子序数从氢一直排列到铀，发现这种"原子序数"不仅对于了解原子的内部结构十分重要，而且比原子量更为重要。

莫塞莱的新体系几乎立即就被证明是很有价值的。法国化学家于尔班在发现了镥以后，曾宣布他又发现了另外一种被称为"锯"的新元素，根据莫塞莱的体系，镥是第71号元素，而"锯"则应该是第72号元素。但是在莫塞莱分析了"锯"的标识X射线以后，弄清了所谓"锯"实际上仍然是镥。第72号元素一直到1923年才被丹麦物理学家科斯特和匈牙利化学家赫维西在哥本哈根的一个实

验室中检测出来，并定名为铪。

瑞典物理学家西格班扩展了莫塞莱的工作，他发现了一系列新的X射线，并精确地测定了各种元素的X射线谱，并因此项工作而获得了1924年的诺贝尔物理学奖。

1925年，德国的诺达克、塔克和贝格又填补了周期表的另外一个空位。他们在对可能含有他们要寻找的这种元素的矿石进行了3年的研究以后，终于发现了第75号元素，并把它定名为铼。这就使得周期表中尚待填补的空位只剩下了4个，即第43号、第61号、第85号和第87号元素。

没想到的是，人们为了寻找剩下的这4个元素用了整整20年的时间。因为化学家们当时并没有认识到，所有的稳定性元素已经全部找到了，尚待填补的这几个元素都是不稳定的元素，它们在今天的地球上已经极其稀少，因而除了其中一个元素以外，其他的必须在实验室中用人工方法制成才能加以证实，而这里就大有文章了。

X射线发现以后，许多科学家都兴致勃勃地去研究这类新的、具有巨大穿透能力的辐射，法国物理学家亨利·贝克勒尔就是其中之一。他的父亲亚历山大·贝克勒尔对"荧光"特别感兴趣。老贝克勒尔曾对一种称为硫酸双氧铀钾的荧光物质进行了研究，而小贝克勒尔则想知道在硫酸双氧铀钾的荧光辐射中是否含有X射线，结果小贝克勒尔发现了更激动人心的铀的放射性。

"放射性"这个术语是居里夫人提出来的，她用它来描述铀的辐射能力。居里夫人还进一步发现了第二种放射性物质——钍。在这以后，很快又有别的科学家做出了许多重要发现。他们的发现证明，放射性物质的辐射比X射线具有更强的穿透力。

此外，科学家们还发现放射性元素在发出射线的过程中会转变为另一种元素，第一个发现这一现象的是居里夫人。1911年，居里夫人因为她在发现钋和镭方面的功绩而单独获得了诺贝尔化学奖。

钋和镭远比铀和钍不稳定，换句话说，前者的放射性远比后者

显著，每秒钟有更多的原子发生衰变。它们的寿命非常之短，因此，实际上宇宙中所有的钋和镭都应当在 100 万年左右的时间内全部消失。那么，为什么我们还能在这个已经有几十亿岁的地球上发现它们呢，这是因为在铀和钍衰变为铅的过程中会继续不断地形成钋和镭。凡是能找到铀和钍的地方，就一定能找到痕量的钋和镭，它们是铀和钍衰变为铅的过程中的中间产物。

在铀和钍衰变为铅的过程中还形成另外 3 种不稳定元素，它们有的是通过对沥青铀矿的细致分析而被发现的，有的则是通过对放射性物质的深入研究而被发现的。

1899 年，德比埃尔内根据居里夫妇的建议，在沥青铀矿石中继续寻找其他放射性元素，终于发现了被他定名为锕的元素，这个元素后来被列为第 89 号元素；1900 年，德国物理学家多恩指出，当镭发生衰变时，会生成一种气态元素，放射性气体在当时是一种新鲜东西，这种元素后来被命名为氡，并被列为第 86 号元素；最后，到 1917 年，两个研究小组——德国的哈恩和梅特涅小组、英国的索迪和克兰斯顿小组——又从沥青铀矿石中分离出第 91 号元素——镤。

到 1925 年为止，已被确认的元素已达 88 种，其中有 81 种是稳定的，7 种是不稳定的。这样一来，努力找出尚未发现的 4 种元素（第 43、61、85、87 号元素）就成为科学家们最迫切的愿望了。

由于在所有已知元素中，从第 84 号到第 92 号都是放射性元素，因此，可以很有把握地预测第 85 号和第 87 号元素也应该是放射性元素。另一方面，由于第 43 号和第 61 号元素的上下左右都是稳定元素，所以似乎没有任何理由认为它们不是稳定元素。因此，它们应该可以在自然界中找到。

由于第 43 号元素在周期表中正好处在铼的上面，人们预料它和铼具有相似的化学特性，而且可以在同一种矿石中找到。事实上，发现铼的研究小组认为，他们已经测出了波长相当于第 43 号元素的 X 射线。因此，他们宣称第 43 号元素已被发现，但是他们

的实验结果并没有得到肯定。在科学史上，任何一项发现至少应该被另一位研究者所证实，否则就不能算是一项发现。

1926年，伊利诺斯大学的两个化学家宣称他们已在含有第60号和第62号元素的矿石中找到了第61号元素；同年，佛罗伦萨大学的两个意大利化学家也以为他们已经分离出第61号元素，但是这两组化学家的工作都没有得到别的化学家的肯定。

几年以后，亚拉巴马工艺学院的一位物理学家报道说，他已用他亲自设计的一种新的分析方法找到了痕量的第87号和第85号元素，但是这两项发现也都没有得到证实。

后来发生的一些事情表明，所谓的"发现"，只不过是这几位化学家在工作中犯了这样或那样的错误所致罢了。

在这4种元素当中，首先被证实的是第43号元素。曾经因发明回旋加速器而获得诺贝尔物理学奖的美国物理学家劳伦斯通过用高速粒子轰击第42号元素钼的方法，使得他的加速器中产生了第43号元素。被轰击过的材料变成了放射性物质，劳伦斯便把这些放射性物质送到意大利化学家赛格雷那里去进行分析，因为赛格雷对第43号元素的问题很感兴趣。

赛格雷和他的同事佩列尔把具有放射性的那部分物质从钼中分离出来以后，发现它在化学特性上和铼很相似，但又不是铼，因此他们断言，它只能是第43号元素，并指出它和周期表中与之相邻的元素有所不同，是一种放射性元素。这个元素就是上文提到的世界上第一个人工合成的元素锝。

1939年，第87号元素终于在自然界中被发现了——法国化学家佩雷在铀的衰变产物中把它分离了出来。由于它的存在量极小，所以只有在技术上得到改进以后，人们才能把它找出来。佩雷后来把这个新发现的元素命名为钫。

第85号元素和锝一样，是在回旋加速器中通过对第83号元素铋进行轰击而得到的。1940年，赛格雷、科森和麦肯齐在加利福尼亚大学分离出第85号元素。第二次世界大战中断了他们所进行的

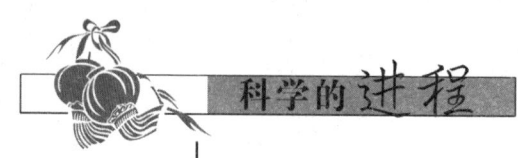

工作，战后他们又重新进行研究，并在 1947 年提出把这个元素命名为砹。与此同时，第 4 个也是最后一个尚未被发现的元素——第 61 号元素也在铀的裂变产物中被发现了。美国橡树岭国立实验室的马林斯基、格伦登宁和科里尔这三位化学家在 1945 年分离出第 61 号元素，他们把它命名为钷。

铀并非元素的终结者

自从发现钷以后，人类认识化学元素的道路，是不是到达终点了呢？起初，有人兴高采烈，觉得大功告成了——再也不必去动脑筋发现新元素了。可是，更多的科学家并不觉得满足。他们想，虽然从第 1 号元素氢到第 92 号元素铀已经全部被发现了，可是，难道铀会是最后一个元素吗？谁能担保在铀以后不会有 93 号、94 号、95 号、96 号……这么看来，周期表上的空白，并没有真的被全部填满——因为在 92 号元素铀以后，还有许许多多的"房间"空着呢！

早在 1934 年，意大利物理学家费米就认为周期表的终点不在 92 号元素铀，在铀之后还存在"超铀元素"。费米试着用质子去攻击铀原子核，宣布自己制得了 93 号元素，并把这一新元素命名为"铀 X"。可是，过了几年，费米的试验被人们否定了，人们仔细研究了费米的实验，认为他并没有制得 93 号元素。因为当费米用质子攻击铀原子核时把铀核撞裂了，裂成两块差不多大小的碎片，并不像费米所说的变成一个含有 93 个质子的原子核。

直到 1940 年，美国加利福尼亚大学的麦克米伦教授和物理化学家艾贝尔森在铀裂变后的产物中发现了 93 号新元素，他们把这种新元素命名为"镎"。镎的希腊文原意是"海王星"，这个名字是跟铀紧密相连的，因为铀的希腊文原意是"天王星"。

镎是银灰色的金属，具有放射性，它的寿命很长，可以长达 220 万年，并不像砹、钫那样"短命"。在铀裂变后的产物中，含有微量的镎。在空气中，镎很易被氧化，表面形成一层灰暗的氧化

膜。镎的发现，有力地说明了铀并不是周期表上的终点，化学元素大家庭的成员也不止92个，在镎之后还有许多化学元素；镎的发现，鼓舞着化学家们在认识元素的道路上继续前进。

超铀元素的不懈追寻

在用中子轰击铀时出现的元素当中，有一种起初无法证实的元素，这使加利福尼亚大学的麦克米伦开始认识到，裂变中释出的中子很可能已经像费米曾经希望会发生的那样，使某些铀原子转变为原子序数更高的元素了。

93号元素镎发现以后，麦克米伦认为，很可能还有另外一种超铀元素和第93号元素混在一起。后来，美国化学家西博格同他的合作者沃尔和肯尼迪很快就证实了事情确实如此，并指出这个元素就是第94号元素。

第94号元素被命名为钚。人们后来发现，它也在自然界中存在，因为人们在铀矿石中发现了痕量的镎和钚。这样一来，铀这个元素就不再是最重的天然元素了。

后来，西博格以及加利福尼亚大学的一个研究小组得到了一种又一种的超铀元素。他们在1944年通过用亚原子粒子来轰击钚的方法，得到了第95号和第96号元素，并分别把它们命名为镅和锔，后者是为纪念居里夫妇而命名的。

在他们制出了足够数量的镅和锔以后，他们又对这些元素进行轰击，并先后在1949年和1950年成功地获得了第97号和第98号元素。他们把这两种元素分别命名为锫和锎。1951年，西博格和麦克米伦由于这一系列成就而共同获得了诺贝尔化学奖。

第99号和第100号元素则是在一种更加戏剧性的场合下被发现的，它们是1952年11月第一颗氢弹在太平洋上空爆炸时出现的。尽管它们的存在早已在爆炸碎片中被检测到，但是直到加利福尼亚大学的研究小组1955年在实验室中获得了小量的这两种元素以后，它们才得到确认，并被分别命名为锿和镄，前者是为了纪念

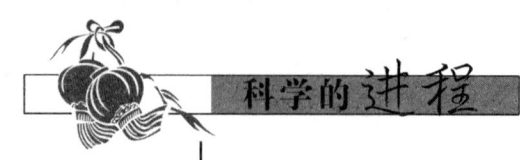

爱因斯坦，后者则是为了纪念费米，因为他们两人都在这之前的几个月逝世了。后来，这个研究小组又对小量的锿进行了轰击，并获得了第 101 号元素。他们把这个元素命名为钔，以纪念门捷列夫。

接着，加利福尼亚大学又和瑞典的诺贝尔研究所合作，在此前研究的基础上又向前迈进了一步。诺贝尔研究所进行了一种特别复杂的轰击，产生了小量的第 102 号元素，这个元素被命名为锘，是以诺贝尔研究所的名字来命名的，但是这项实验没有得到承认。后来又有人用别的方法，而不是用诺贝尔研究所最先介绍的方法获得了这种元素，因此，在锘被正式公认为这个元素的名称之前，曾有一段时间的拖延。

1961 年，加利福尼亚大学的一个研究小组检测出第 103 号元素的一些原子，并把这种元素定名为铹，这是为了纪念不久前逝世的劳伦斯。后来，苏联核物理学家弗廖罗夫所领导的研究小组报道说，他们在 1964 年和 1967 年分别获得了第 104 号和第 105 号元素，但是他们用来产生这两种元素的方法并没有得到承认。后来，美国核物理学家吉奥索领导的研究小组用别的方法产生了这两种元素。

1976 年，弗廖罗夫的研究小组用加速器加速的铬离子轰击铋靶，合成了质量数为 261 的 107 号元素的同位素，并用测量 261 的衰变链子体的方法进行了鉴定。1981 年，联邦德国达姆斯塔特重离子研究所的明岑贝格等人用加速的铬离子轰击铋靶，合成了质量数为 262 的 107 元素的同位素。实验期间，他们每天能获得 2 个来自 262 衰变的 α 粒子，总共观察到 6 个。

1982 年，明岑贝格的科学小组用加速器加速的铁离子轰击铋靶，合成了质量数为 266 的 109 号元素的同位素。在长达一星期的轰击合成实验中，只获得了 1 个新元素的原子；在其合成后千分之五秒时射出了具有 11.10 兆电子伏能量的 α 粒子。他们就是利用这唯一的事件，成功地用四种不同方式进行了鉴定，尤其是用测量 266 的衰变链子体的方法确认了 109 号元素的合成。

108 号元素的发现晚于 109 号元素。1984 年明岑贝格等再次用

加速器加速的铁离子轰击铅靶，反应合成了质量数为265（或266）的108号元素的同位素，总共记录了三个265（或266）原子，其寿命测定值分别为：24ms、22ms、34ms，并通过测量265的衰变链子体的方法，确认了108号元素的合成成功。

在这以后，很多科学家认真研究了元素周期表，推算出在108号元素以后，可能会出现几种"长命"的新元素！

这些科学家经过推算，认为当元素的原子核中质子数为2、8、20、28、50、82，或者中子数为2、8、20、28、50、82、126时，原子核就比较稳定，寿命比较长。根据这一理论，他们预言"114号元素"将是一种很稳定的元素，寿命可达一亿年！也就是说，人们如果发现了114号元素，这种元素将像金、银、钢、铁一样"长寿"，可以在工农业生产中得到广泛应用。

科学家们甚至根据元素周期表，预言了114号元素的一些特征：

它的性质类似于金属铅，目前可称它为"类铅"。

它是一种金属，密度为$16g/cm^3$。

它的沸点为147℃，熔点为67℃。

它可以用来制造核武器。这种核武器体积很小，一颗用114号元素制成的小型核弹，甚至可放在手提包中随身携带。

另外，科学家们还推算出，110号和164号元素也将是一种寿命很长的元素，可以活一千万年以上。

至于化学元素有多少，据有的科学家推算，从104号元素开始，人们进入了周期表中相对来说还未开发的区域。从原子核外电子排布的量子力学推算，人们预测第七周期（不完全周期）可以是32种元素，其结尾的元素为稀有元素118号，称为类氡；第八周期可以是50种元素，其结尾的为168号元素，称为超氧。以后的元素将进入第九周期。目前寻找新元素的工作，主要从人工合成和在自然界里寻找两个方面进行。而人工合成新元素是主要的，它是利用高能中子长期照射、核爆炸和重离子加速器等现代实验手段来实

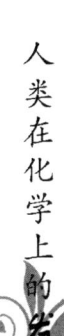

现的。

另外，也可从宇宙射线，从陨石和月岩中，以及从自然矿产中寻找新元素。元素新周期的开发和新元素的发现，是化学工作者十分感兴趣和共同关心的问题。

展望未来，随着科学技术的进步和科学家的努力，化学新元素将不断被发现，元素周期表的"大厦"一定会建造成功，"大厦"中的所有"住户"们也一定会为人类做出更新的贡献！

在攀登超铀元素这个阶梯时，每登上一级都比前一级更为困难，原子序数越大，元素就越难收集，并且也越不稳定。当达到钔这一级时，对它的证实已开始仅靠17个原子来进行。好在辐射探测技术自1955年起已经非常高超，伯克利大学的科学工作者在他们的仪器上装上了一个警铃，每次只要有一个钔原子产生，在它衰变时放射出的标识辐射就会使警铃发出很响的铃声，来宣告已经发生了这样一件事情。

时代在前进，人类对化学元素的认识正在不断走向全面和深化。

惰性气体的发现

早在1785年，英国著名科学家卡文迪许在研究空气的组成的时候，发现一个奇怪的现象。当时人们已经知道空气中含有氮、氧、二氧化碳等。卡文迪许把空气中的这些成分除尽后，发现还残留少量的气体，这少量的气体在当时没有引起化学家们应有的重视。谁也没有想到，就在这少量气体里竟隐藏着一个化学元素家族，它们错过了这一次被发现的机会，又默默无闻地酣睡了100多年。

19世纪末，一位叫瑞利的英国物理学家，在研究氮气的时候发现一件不可思议的事：从空气中制得的氮比从氨等含氮化合物中制备的氮，总是重那么一点点——0.0064g。

这0.0064g的差异到底意味着什么？是实验的疏忽还是另有原因？瑞利花费了足足两年的时间，做了多次精密入微的实验，锲而不舍，反复观察验证，结果表明实验并无差错。瑞利想，可能是因为在空气中还含有一些没有被发现的气体，才使氮重一点。他和他的朋友——化学家拉姆赛合作，终于揭开了这些未知气体的秘密。他们断定，100年前卡文迪许所说的剩余气体是一种和许多试剂都不发生反应的古怪气体，体积占空气体积不到1%，就算让性格活泼的氯或脾气暴躁的磷跟它反应，它也无动于衷。难怪它在空气中隐藏了那么多年没有被发现。由于它具有这种和谁都不交往的孤独性格，化学家给它起名叫氩，希腊文是"懒惰"的意思。

发现氩的消息公布后，引起不少化学家的注意。有人根据门捷列夫元素周期律理论，推测出性质不活泼元素除氩之外，一定有一个性质和氩相近的家族。果然，在以后的三年里，陆续找到了氩的同族伙伴氦、氖、氪、氙。

1899年，英国物理学家欧文斯和卢瑟福在研究钍的放射性时发现钍射气，即氡-220。1900年，德国人道恩在研究镭的放射性时发现激光气，即氡-222。1902年，德国人吉赛尔在锕的化合物中发现锕射气，即氡-219。直到1908年，拉姆赛确定激光气是一种新元素，和已发现的其他稀有气体一样，是一种惰性的稀有气体元素，其他两种射气，是它的同位素。1923年国际化学会议上命名这种新元素为氡，化学符号为Rn。至此，氦、氖、氩、氪、氙、氡六种惰性气体作为一个家族，占据了元素周期表零族地位。它们的位置相当有趣，在它们的前面是化学电负性最强的非金属元素，在它们后面又是电负性最小而金属性最强的金属元素。而这零族的惰性气体，既不显电负性又不显金属性，只把矛盾的双方隔开，似乎处于"与世无争"的中立地位。

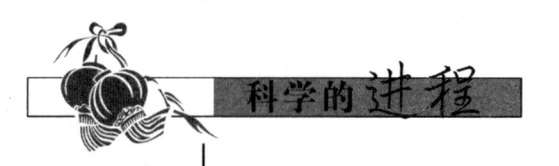

从元素到元素周期表

古代的希腊哲学家在处理问题时,大多采用论证和推测的方法,他们曾断言说,大地是由很少几种"元素"或基质构成的。例如,公元前430年左右的恩培多克勒认为这样的元素共有四种,即土、空气、水和火。亚里士多德在一个世纪以后又提出,天是由第五种元素——以太组成的。

中世纪的炼金术士虽然很深地掉进了魔术和江湖骗术的泥坑,但由于他们至少还能处理他们所摆弄的材料,因此能得出一些比古希腊人更精明、更合理的结论。

为了解释物质为什么会有不同的性质,这些炼金术士不但增添了几种所谓控制性元素,而且还分别为每一种控制性元素加上了一种特性。例如,他们把汞看做是使物质具有金属属性的元素,并把硫看做是使物质具有可燃性的元素。后来,最杰出的炼金术士——16世纪的瑞士医生提奥夫拉斯塔,又在这些元素中加上了一个元素——盐,并认为它是使物质具有抗热性能的元素。

炼金术士们认为,只要按合适的比例加进某些元素和取出某些元素,一种物质就会变成另一种物质。比如说,只要在铅这种金属中加进适量的水银,铅就会变成金子。为了寻找把"贱金属"变为金子的方法,炼金术士们一直摸索了好几个世纪。他们在这个摸索的过程中,发现了无机酸和磷这类比黄金更为重要的物质。

然而,没有一个炼金术士愿意离开他们所追求的主要方向,其中有一些炼金术士甚至热衷于弄虚作假,伪称他们会变出黄金,以便从有钱的资助者那里骗取所谓的"研究经费"。这就使得这个行业声名狼藉,终于使得"炼金术士"这个名称本身也遭到抛弃。到了17世纪,人们改用"化学家"这个名称来代替"炼金术士",炼金

术也一步步发展成为一门被称为"化学"的科学。

英国人玻意耳是化学这门科学刚刚诞生时涌现出来的第一批化学家之一，他建立了玻意耳气体定律。他在 1661 年出版的《怀疑主义的化学家》一书中，第一次给元素下了一个明确的定义：元素是一种基质，它可以和其他元素相结合而形成"化合物"，但把它从化合物中分离出来以后，它便不能再被分解为任何比它更简单的物质了。

但是，玻意耳在"什么是真正的元素"这一问题上，仍保留了中世纪的观点。例如，他认为金不是一种元素，而是可以通过某种方式由其他金属变成的。事实上，他同时代的人牛顿也是这样认为的，他曾花费了大量时间去搞炼金术。

玻意耳去世以后，化学工作者开始想弄清哪些物质可以再分解为更简单的物质，哪些物质不可以再分解。例如，英国化学家卡文迪许曾经指出，由于氢可以和氧相化合而形成水，所以水不可能是一种元素。后来，法国化学家拉瓦锡又把曾被认为是元素的空气分为氧和氮。这样一来，古希腊人所设想的那四种元素，如果按玻意耳所定的准则来判断，就没有一种可称得上是元素。

至于中世纪的炼金术士们所列出的那些元素，其中的汞和硫，按玻意耳的准则，确实可算得上是元素。但是，没有被他们当做元素的铁、锌、铅、铜、银、金等金属和磷、碳、砷等非金属，这时也都被判明是元素，而被提奥夫拉斯塔当做元素的盐，则终于被分解成两种更简单的物质。

要判别一种物质是不是元素，这当然依赖于当时的化学水平。只要某种物质用当时的化学技术还不能加以分解，这种物质就一直被看成是一种元素。例如，在拉瓦锡的元素表中共有 33 种元素，其中就包括石灰和镁灰。但是在拉瓦锡死后 14 年，英国化学家戴维用电流来分解这两种物质，结果把石灰分解为氧和一种被他称为"钙"的新元素，把镁灰分解为氧和另一种被他称为"镁"的新元素。

另外，戴维在当时就已经指出，瑞典化学家谢勒用盐酸制出的绿色气体并不像人们所设想的那样，是盐酸和氧的化合物，而是一种名副其实的元素，他把这种元素定名为"氯"。

随着元素数目在19世纪的增多，每一种元素都具有不同的特性，化学家们开始感到他们像是迷失在一座茂密的丛林中：自然界究竟有多少种元素？它们之间的内在关系怎样？有没有规律？怎样分类？由于科学的精髓就在于要从表面的杂乱中理出秩序来，所以科学家们一直想从元素的特性当中找出某种规律来。

1829年人们已经知道的元素有50种左右。德国人多贝赖纳发现有些元素性质相近，在原子量上有一种算术级数的关系。他对15种元素进行分组，三个一组，分成五组。这是根据元素性质和原子量对部分元素进行分类的首次尝试，它对后来周期律的发现是很有启发的。

1862年，即在意大利化学家坎尼扎罗把原子量确定为化学的一个重要的研究手段以后，法国的地质学家比古耶·德尚库图瓦发现，如果按原子量递增的顺序把元素排列成表的形式，他能使性质相似的元素处在同一栏内。两年以后，英国青年化学家纽兰兹也发现：按原子量递增的顺序，每隔8个元素就有重复的物理和化学性质出现，因为和音乐上的八度音相似，所以称为"八音律"。但是，他们还没有认识到在已知元素之间还有未发现的元素，因此"八音律"存在许多缺陷。

1866年，纽兰兹在英国化学学会上提出了"八音律"的见解时，引起了哄堂大笑。有人讽刺说，你怎么不按元素的字母排列呢？可见要让人们接受一个青年人提出的新的但是还不完整的设想，是多么的困难，科学界内部的保守势力同样在阻碍科学的进步。许多年以后，即在元素周期表的重要性得到普遍认识以后，他们的论文才得以发表，纽兰兹甚至还因此而获得了勋章。

俄国化学家门捷列夫终于从杂乱无章的元素迷宫中理出了一个

头绪。门捷列夫为了研究元素的分类和规律，把当时已知的几十种元素的主要性质和原子量写在一张张的小卡片上，反复进行排列，比较它们的性质，探索它们之间的联系。1869年，他正式提出元素周期律，他在周期表中排列了当时已经知道的63种元素。门捷列夫的元素周期律的原理基本上同德尚库图瓦以及纽兰兹的相同，不过门捷列夫的周期律更加的科学和完整。

门捷列夫的"周期表"比纽兰兹的元素表更为复杂，也更接近我们今天认为是正确的结论。

当某一元素的性质使它不能按原子量来排列时，门捷列夫就大胆地把它的排列位置掉换一下，他这样做的根据是：元素的性质比元素的原子量更为重要。后来证明，他这样做是正确的。例如，碲的原子量是127.61，

元素周期律的发现者——门捷列夫

如果按原子量排，它应该排在碘的后面，因为碘的原子量是126.91。但是在这个分栏的周期表中，门捷列夫把碲提到碘的前面，以便使它位于性质和它极为相似的硒的下面，并使碘位于性质和其极为相似的溴的下面。

当排列必须进行，而又不能违背既定原则时，门捷列夫就在周期表中留出空位，并以一种非常大胆的口气宣布说：属于这些空位的元素将来一定会被发现。不仅如此，他还用表中待填补进去的元素的上、下两个元素的特性作为参考，指出表中三个待填补的元素的大致性状。

门捷列夫在这件事上是很幸运的：他所预言的这三种元素全都在他还活着的时候就被发现了。1875年，法国化学家布瓦博德郎在

科学的进程

研究闪锌矿时发现了新元素镓，它与门捷列夫预言的亚铝性质一样。于是镓就成为化学史上第一个先有理论预言，后被发现而证实的元素。1879年，瑞典化学家尼尔森发现了亚硼——钪；1886年德国化学家文克列尔发现亚硅——锗。门捷列夫预言的15种未知元素，后都被实践所证实。

在元素周期律被发现以前，人们发现元素是偶然的，常常会有某一个新发现的元素突然闯进元素序列中，把原来形成的序列打乱。而在周期律的指导下，人们就可以有计划、有目的地寻找化学元素了。

在门捷列夫创立元素周期表的时候，惰性元素还没有被发现，因此没有给它们留出位置。1894年发现了氩，紧接着又发现了其他惰性元素。门捷列夫尊重事实，在周期表中补充了惰性元素族，完善了元素周期律。

元素符号及其名称的变迁

化学元素符号属于专业用语，历来为化学家所重视。自从1661年英国化学家玻意耳对元素概念作了科学定义之后，有关元素的表示符号才慢慢摆脱了金丹家所赋予的神秘色彩，英国化学家道尔顿和瑞典化学家贝采利乌斯先后为元素符号的规范化做出了世人称道的贡献。

从1964年开始，美国和苏联的科学家陆续制得了第104号以后的数种元素，由于非科学的原因，命名上出现了歧见。国际组织分别于1977年和1994年提出新的方案，然而，这些方案并没有被执行下去。1997年8月底，经过多方协商与表决，一套新的名称和符号获得通过。

早期的人们对已发现的元素和化合物冠以不同的符号，往往着眼于事物的外部现象，到了金丹术时期，他们为了保密，常常采用

一些令人费解的隐语和比喻,见下图。

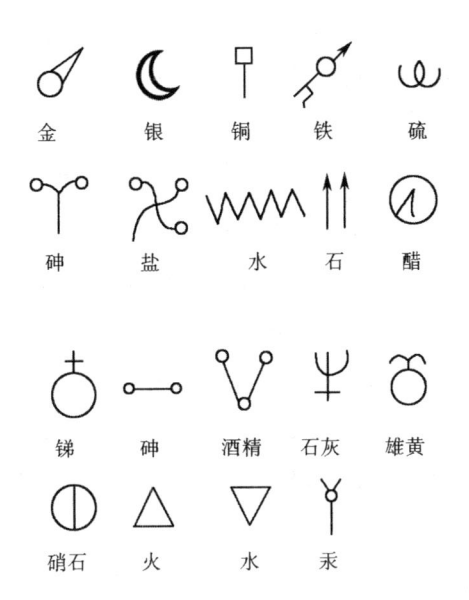

金	银	铜	铁	硫
砷	盐	水	石	醋
锑	砷	酒精	石灰	雄黄
硝石	火	水	汞	

　　道尔顿在从事气象学研究的第 16 年,即 1803 年从空气是由不同颗粒所组成概括出原子学说,从而受到当时权威的化学家所推崇。道尔顿认为简单的原子都是球形的,所以化学元素符号就可用圆圈来表示。1808 年他在新著《化学哲学新体系》一书中,设计了一套符号用来表示不同的元素,见下图。

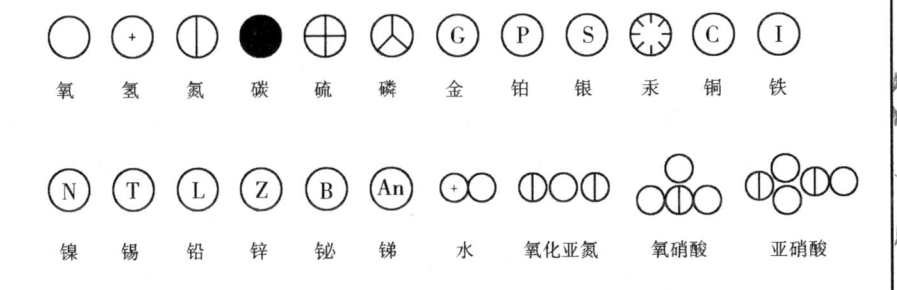

氧	氢	氮	碳	硫	磷	金	铂	银	汞	铜	铁
镍	锡	铅	锌	铋	锑	水	氧化亚氮	氧硝酸	亚硝酸		

　　为测定相对原子质量做出杰出贡献的瑞典化学家贝采利乌斯看到道尔顿的这套符号既难写又难记,特别是在印刷制版上困难更大,他拿着元素表仔细地研究着,最后想出一个办法,就是用拉丁

名称的头一个字母来表示该元素。金属元素第一个字母若与非金属的相同，就在后边再加上一个小写字母。如 O（Oxygenium，源于梵语，酸之源），S（Sulphur，源于希腊语，火之源），H（Hydrogenium，源于希腊语，水之源），Cu（CuPrum，源于拉丁语，塞浦路斯岛，传说该岛盛产铜），Fe（Ferrum，源于希腊语，铁）。贝采利乌斯的这些见解，于1813年在《哲学年鉴》上发表。鉴于贝采利乌斯在化学方面的权威以及对化学所做的贡献，加之这种书写方法更加优越、方便，所以很快就被化学界所接受，成为一种国际通用表示方式。唯有道尔顿始终用那些小圆圈来代表元素。

1964年，苏联科学家在杜布纳联合核子研究所发现了原子序数为104号的元素，为纪念其物理学家库尔恰托夫而命名 Kurchatovium，元素符号记为 Ku。而1968年发现的105号元素，被命名为 Nielsbohrium，元素符号记为 Ns，以纪念丹麦物理学家玻尔，这种表示方法违背了欧洲人的姓名传统，后来的107号元素用 Bohrium 表示就是一例纠错案。

1970年，美国科学家发现半衰期更长的104号元素，为纪念英国的卢瑟福而命名为 Rutherfordium，元素符号记为 Ru；同年，发现105号元素，为纪念德国化学家哈恩而命名为 Hahnium，元素符号记为 Ha。

为解决上述矛盾，国际纯粹与应用化学联合会（于1919年成立，秘书处设在英国牛津，英文缩写为 IUPAC）自1971年以后多次开会协调无效，遂于1977年8月明确规定，从104号元素起，停止用科学家的姓氏来命名新元素，新出现的元素应遵从如下原则来进行命名：

（1）新元素的名称应该和原子序数具有简单而明晰的关系。

（2）不论是金属还是非金属，它们的拉丁名词词尾都加"ium"后缀。

（3）新元素符号采用三个字母，以区别已知元素所采用的一个或两个字母，具体名称是采用希腊文和拉丁文数词结合起来。这些

数词是：nil = 0，un = 1，bi = 2，tri = 3，quad = 4，pent = 5，hex = 6，sept = 7，oct = 8，enn = 9。

原子序数	名称	元素符号
104	Unnilquadium	Unq
105	Unnilpentium	Unp
106	Unnilhexium	Unh
107	Unnilseptium	Uns
108	Unniloctium	Uno
109	Unnilennium	Une

IUPAC 组织的上述规定虽然具有权威性，但没有法律效力，它遭到美国化学学会（ACS）的强烈反对，IUPAC 无奈于 1994 年 12 月放弃上述规定，提出 104~109 号元素的名称和符号：

原子序数	名称	元素符号
104	Dubnium	Db
105	Joliotium	Jl
106	Rutherfordium	Rf
107	Bohrium	Bh
108	Hahnium	Hn
109	Meitnerium	Mt

但是从 1995 年 6 月起，ACS 决定自行其是，在它的出版物中使用另一套名称和符号：

原子序数	名称	元素符号
104	Rutherfordium	Rf
105	Hahnium	Ha
106	Seaborgium	Sg
107	Nielsbohrium	Ns
108	Hassium	Hs
109	Meitnerium	Mt

这样一来，同一种元素便有两套名称并行于文献之中。1997 年

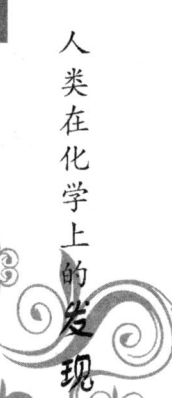

IUPAC 和 ACS 相互妥协，于 8 月底通过表决，制定出一套新的名称和符号，以解决过去的混乱局面：

原子序数	名称	元素符号
104	Rutherfordium	Rf
105	Dubnium	Db
106	Seaborgium	Sg
107	Bohrium	Bh
108	Hassium	Hs
109	Meitnerium	Mt

19 世纪的七八十年代，西方大量的化学知识被介绍到我国，然而多数元素名称无对应汉字，上海江南制造局翻译馆的徐寿（1818—1884）为此做了大量开创性工作，他在 1858 年所编写的《化学材料中西名目表》中，首次提出译名原则：意译与音译兼用，根据情况，酌用其中之一，如绿（今之氯）气、养（氧）气、轻（氢）气、淡（氮）气按物理性质意译；锌（Zinc）、钙（Calcium）、钡（Barium）、钠（Natrium）系音译，且采用一字原则。

曾留学日本的编译家郑贞文（1891—1969）在商务印书馆工作期间（1918—1932），编译了大量的化学书籍，他在《无机化学命名草案》中，除继承了徐寿的命名原则外，又对化学用字做了规范化要求，按照元素的物理状态，造了大量新字，将气态元素加"气"字头，液态元素加"氵"或"水"的部首；非金属元素加"石"字旁，以示与金属加"金"字旁相区别。该草案经全国会议讨论修订后，由当时的教育部于 1932 年 11 月公布实施，虽然后来一些化学用字的修改更加趋向科学、合理，但上述原则一直沿用了下来。今天，我们在看到某一元素的汉字名称时，也许对它的性质一无所知，但从字形上还是可以得到某些信息。

关于 104 号以后元素的名称，根据 1977 年 IUPAC 的那套方案，我国没有对应的汉字，仅称其原子序数。

不可见光线的探索

X 射线

X 射线也称伦琴射线，它是在高速电子流轰击金属靶的过程中产生的一种波长极短的电磁辐射。由于 X 射线是不带电的粒子流，所以不受电磁场的作用，它沿直线传播，并能穿透普通光线所不能穿过的致密物体。这种波长极短的电磁辐射具有在荧光屏或底片上成像的特性。

1895 年的一天，德国物理学家伦琴将阴极射线管放在一个黑纸袋中，关闭了实验室灯源，他发现当开启放电线圈电源时，一块涂有氰亚铂酸钡的荧光屏发出了荧光。伦琴用一本厚书、2～3 厘米厚的木板或几厘米厚的硬橡胶插在放电管和荧光屏之间，仍能看到荧光。他又用其他材料进行实验，结果表明它们也是"透明的"，铜、银、金、铂、铝等金属只要不太厚，也能让这种射线穿透。伦琴意识到这可能是某种特殊的从来没有观察到的

物理学家伦琴

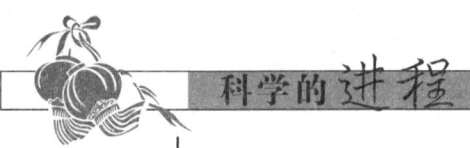

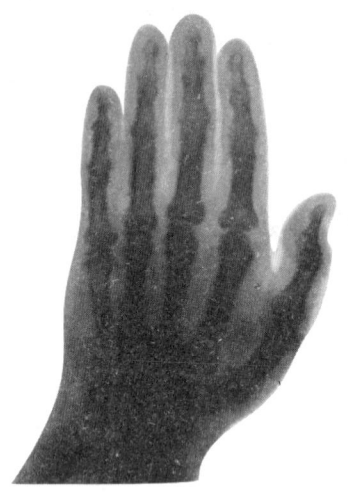

科学的进程

射线，它具有极强的穿透力。他经过彻底的研究，确认这的确是一种新的射线，并称为 X 射线。

伦琴给新射线取名叫 X 射线，是要着重表明他自己还不十分了解这种射线的真正性质。而数十位不同国籍的科学家，却迫不及待地要把伦琴没有谈到的东西马上补充出来。科学期刊上陆续出现了不计其数的关于 X 射线实验的报告，有的报告研究性质，有的报告研究来源。由于兴奋和匆忙，有些科学家甚至觉得自己也发现了新射线。关于"Z 射线"、"黑射线"的消息，纷至沓来。

X 射线下手的骨骼显像

法国科学家亨利·庞加来对于 X 射线猜测的很有趣。

他阅读伦琴讲述自己发现经过的那篇文章时，对文章中一项细节产生了极其深刻的印象。这细节是：X 射线产生的地方恰恰就是克鲁克斯管壁上被那股由阴极飞往阳极的电子中途打中的地方，玻璃管壁的这一部分还产生了特别强烈的磷光现象。

庞加来认为 X 射线既然发生在磷光现象特别强烈的地方，那就很可能一切强烈的磷光物体都能发射 X 射线，并不是只有克鲁克斯管在有电流通过的时候才能够发射。

法国科学家亨利·庞加来

庞加来的这个想法，另外一位法国人沙尔·昂利听到之后，马上动手加以验证。

沙尔用来验证庞加来看法的物质是硫化锌，那是一种经过日晒、能发出强烈磷光现象的物质。

沙尔给普通照相底片包上黑纸，纸上摆一小块硫化锌，然后把这样摆好的一套东西放在日光下晒，晒过以后，把底片拿进暗室去显影。

显影的结果，底片上出现了一个深色的斑点，那正是曾经隔着黑纸摆过磷光物质的地方。

可见庞加来的想法是正确的，凡是磷光物体，的确都能发出不可见的、能够自由穿过黑纸的 X 射线。

铀射线

在这场针对 X 射线的围猎中，法国物理学家亨利·贝克勒耳也是一位参与者。他试验了好多种磷光物质，觉得它们在强光照射下都会产生不可见的、能对照相底片起作用的 X 射线。

贝克勒耳的试验是这样做的：把照相底片包在一张极其密实的黑纸里，纸上放块剪成花样的金属片，片上铺张薄纸，薄纸上撒层铀盐，然后把这一全套东西放到日光中去晒。

晒过以后对底片进行显影处理。结果，黑色底子上出现了白色的花纹，那是金属片的痕迹。

事情很明显：铀盐因为有磷光作用，就发出了不可见的 X 射线；X 射线穿透黑纸对底片起了作用，但它不能透过致密的金属，因此，底片上被金属遮住的地方就没有感光，没起变化。

1896 年的一天，贝克勒耳用铀盐进行了一场实验。下面放的是用黑纸包好的底片，中间是剪成花样的金属片，上面是铀盐的结晶体。

贝克勒耳发现完全没有经过日晒的铀盐，也能对黑纸包好的底片起到很好的作用，简直跟晒过强烈的日光、能发亮的磷光的铀盐

一样没有分别。

他把几粒铀盐藏在一只盒子里，又把盒子放在箱子里，箱子一连15天盖得严严的，而存放箱子的房间又一直是漆黑无光的。像这样的地方，当然谈不到什么磷光现象，铀盐在这里当然不会发光。可是尽管这样，铀盐还是对放在一旁的底片发生了作用。

当时贝克勒耳用来做实验的是一些绝对不能发射磷光的铀盐。

凡是化学家们所知道的铀的化合物——氧化物、酸、盐等都被试过了；铀化物的晶体或粉末，溶液或熔融状态，都试验到了；最后，连纯净的金属铀也试验了，它们全都能够在底片上留下痕迹，而纯铀留下的痕迹，颜色最深。

再也用不着怀疑了——铀和一切铀的化合物的确都能发出一种特殊的与X射线不同的不可见射线。至于磷光现象在这里却没有发挥作用。

钋射线和镭射线

铀射线在许多方面很像X射线：它们都是不可见光线，都能对底片起作用，都能使空气带电。可是X射线能够毫不费事地穿透各种障碍物，铀射线却不能。铀射线虽然还有力量穿过那层包在底片外面的密实的黑纸，穿过薄铝片，却没力量穿过人体、板门和薄墙。像这样的障碍物却是挡不住X射线的。

但在实质上，铀射线这种新奇事物的确要比X射线奇异得多。

X射线是由快速的带电微粒击中克鲁克斯管上的玻璃而产生的。而铀及铀化物所发出的不可见光线，却是自发的，没有任何显著原因的。它们没有受到光的照射，也没有受到热的作用或电火花的作用，可是它们经年累月、昼夜不停地发射着特殊的射线，释放特殊的能量。

射线的发射一分钟也不停止，可是发出射线的物质本身，却好

像丝毫没有变化。

在铀射线发现之前，波兰物理学家居里夫人和丈夫皮埃尔·居里已经开始了从事铀射线的研究。

为了便于实验，皮埃尔·居里做了一种物理仪器。仪器的主要部分是一只普通的平面电容器，也就是被一层空气隔开的两片金属。下面那一片金属用电池组充上电，上面那一片跟地连接。

因为空气是不导电的，所以，这种装置里的电路，平常是不通的。可是下面那片金属如果撒上了铀盐，电流就会立刻冲过这个电容器的空气层。因为空气在铀射线的作用下会变成导电体，而且射线越强，空气的导电性就越好，随之电路中的电流也就越强。

居里夫人测量了铀本身的射线的强度，又测量了铀的氧化物、铀盐、铀酸和各种含铀矿物的射线的强度，它们全都能够或强或弱地增大空气的导电能力。含铀多些的矿物，增大空气导电性的能力也强些；含铀少些的矿物，能力就弱些。

铀的一切化合物——氧化物、盐、酸以及含铀矿物都严格服从这条法则，它们射线的强度全都比金属铀本身更弱。

有两种矿物——沥青铀矿和铜铀云母——放到电容器下面的那片金属上时的表现十分奇特：它们在电路里所引起的电流，比铀本身所引起的要强得多，这是怎么回事呢？是不是因为这种矿物里还隐藏着另外一种能够发出射线的元素？如果是的话，它又是什么元素？要知道，除了铀和钍以外，好像再也没有元素能够发出射线了，而钍所发的射线在强度上又同铀所发出的射线相差很少。

为了进行检验，居里夫人决定用人工方法来制取铜铀云母，也就是在实验室里用几种化合物来合成它。就成分看，她的人造矿物和天然的没有一点不同，其中的含铀量同天然铜铀云母的含铀量完全相等。可是当人造的成品研成细末撒到电容器下面那片金属上时，却发现它的射线强度大约是天然矿物的18%。

这就是说，在天然的铜铀云母和沥青铀矿中的确存在着一种活泼的物质，它的射线强度比铀高，而且可能要高不少。

科学的进程

居里夫妇把矿石溶解在酸里,再往溶液里通硫化氢,于是就有由各种金属硫化物组成的一种深色沉淀物沉到了溶液底部。这种沉淀物里,有矿物里原有的铅,此外还有些铜、砷、铋,而留在透明溶液里的是铀、钍、钡和沥青铀矿所含的其他几种成分。可是那种未知物质呢,它是跟沉淀物里的几种元素混在一起了呢?还是跟留在溶液中的几种元素混在一起了呢?

居里夫妇把沉淀物和溶液一一放到电容器的金属片上试验,结果是沉淀物所发出的射线更强。可见,活泼的物质是在沉淀物里,必须到这里去寻找。

居里夫妇把所有杂质一一除去以后,剩下来的这一部分物质所发出的射线就增强到了铀的 400 倍。这一部分里有很多的铋——这是化学家们很熟悉的一种金属——还有少到极点的一点未知物质。居里夫妇一时还不能使这物质完全离开铋,但他们深信自己总有一天能够做到这一点。

1898 年 7 月,居里夫妇向法国科学院提出了一份工作报告,肯定自己已经发现了一种新元素,它同铋相似,却有本领自发地射出一种非常强大的不可见的射线。如果这一点得到证实的话,就请把这种元素命名为钋,来纪念居里夫人的祖国波兰(因为钋的法文就是波兰的意思)。

5 个月后,法国科学院又宣读了居里夫妇的一份新报告。

他们又在沥青铀矿中发现了另一种未知元素,它所发出的射线还要更强些。从化学性质上看,这种新元素很像金属钡,其放射性可以达到纯金属铀的 900 倍。

这种能发出射线的新元素,居里夫妇命名为镭。镭的拉丁文有"射线"的意思。

从铀里提炼镭比从铋里提炼钋要容易一些。因此,居里夫妇决定提取镭。

居里夫妇千方百计弄来了提取铀后的残渣,在简陋的实验室里开始了提纯工作,这一干就是整整两年。

居里夫人在这漫长的两年中，溶解矿石，蒸干溶液，使晶体从溶液里沉淀，把上面的液体用虹吸管吸出来，滤出沉渣，加以溶解，再使晶体沉淀，同时拿着金属棒来搅拌那宝贵的液体。

她从矿石里把那种未知元素一小粒一小粒地提了出来。不久，居里夫妇所掌握的物质，在放射性方面已经相当于铀的5 000倍。而这种镭、铀混合物里的镭越多，制取物的放射性也就越强：它增加了1万倍，10万倍……最后纯镭到手的时候，它的放射性竟比铀的放射性高出几百万倍。

可是，从整吨的铀矿中提炼出的镭一共只有0.3g。

镭发出三种不可见的射线，人们采用三个希腊字母 α、β、γ 来表示它们，分别称为阿尔法射线、贝塔射线和伽马射线。伽马射线同X射线很相似，是普通可见光线的同族，只是波长不一样；至于阿尔法和贝塔两种射线则是由带了电的物质性微粒组成的。

科学的进程

···▶▶ 无机化学的发现之路 ◀◀···

氢气的发现

早在16世纪，瑞士的一名医生就发现了氢气。他说："把铁屑投到硫酸里，就会产生气泡，像旋风一样腾空而起。"他还发现这种气体可以燃烧，然而他没有时间去做进一步的研究。

17世纪时又有一位医生发现了氢气。那时人们的智慧被一种虚假的理论所蒙蔽，认为不管什么气体都不能单独存在，既不能收集，也不能进行测量。这位医生认为氢气与空气没有什么不同，很快就放弃了研究。

最先把氢气收集起来并进行认真研究的是英国化学家卡文迪许。

卡文迪许非常喜欢做化学实验，有一次实验中，他不小心把一个铁片掉进了盐酸中，他正在为自己的粗心而懊恼时，却发现盐酸溶液中有气泡产生，这个情景一下子吸引了他。他在努力地思考：这种气泡是从哪儿来的呢？他又做了几次实验，把一定量的锌和铁投到充足的盐酸和稀硫酸中（每次用的硫酸和盐酸的质量是不同的），发现所产生的气体量是固定不变的。这说明这种新气体的产生与所用酸的种类没有关系，与酸的浓度也没有关系。

卡文迪许用排水法收集了新气体，他发现这种气体不能帮助蜡

烛燃烧，也不能帮助动物呼吸，如果把它和空气混合在一起，一遇火星就会爆炸。卡文迪许是一位十分认真的化学家，他经过多次实验终于发现了这种新气体与普通空气混合后发生爆炸的极限。他在论文中写道：如果这种可燃性气体的含量在 9.5% 以下或 65% 以上，点火时虽然会燃烧，但不会发出震耳的爆炸声。

卡文迪许

随后不久他测出了这种气体的比重，接着又发现这种气体燃烧后的产物是水，无疑这种气体就是氢气了。卡文迪许的研究已经比较细致了，他只需对外宣布他发现了一种新元素并给它起一个名字就行了，真理的大门就要向他敞开了，幸运之神就要向他微笑了。但卡文迪许受了虚假的"燃素说"的欺骗，坚持认为水是一种元素，没有认识到自己无意中发现了一种新元素。

后来拉瓦锡听说了这件事，他重复了卡文迪许的实验，认为水不是一种元素而是氢和氧的化合物。在 1787 年，他正式提出一种元素"氢"，因为氢燃烧后的产物是水，便用拉丁文把它命名为"水的生成者"。

氧气的发现

1774 年 8 月 1 日，英国化学家普里斯特利同往常一样，在自己的实验室里工作着。几天前，他发现了一种红色粉末状物质，用透镜将太阳光照射在它上面，红色粉末被阳光稍稍加热后就会生成银白色的汞，同时还有气体放出。汞是普里斯特利早已熟悉的物质，可那气体是什么呢？今天他想仔细研究一下。

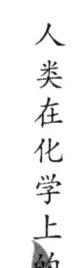

科学的进程

普里斯特利准备了一个大水槽，用排水法收集了几瓶气体。

这气体会像二氧化碳那样扑灭火焰吗？普里斯特利将一根燃烧的木柴棒丢进一只集气瓶。他发现木柴棒不但没有熄灭，反而烧得更猛，并发出耀眼的光亮。看到眼前的景象，普里斯特利兴奋起来，他又将两只小白鼠放进一只集气瓶中，并加上盖子。过去普里斯特利也曾做过类似的实验，在普通空气的瓶子里，小白鼠只能存活一会儿，然后慢慢死去；在二氧化碳气的瓶中，小白鼠挣扎一阵，很快就死了。可是今天，两只小白鼠在瓶中活蹦乱跳，显得挺自在、挺惬意的！

这一定是一种维持生命的物质，是一种新的气体。

普里斯特利激动万分，他亲自试吸了一口这种气体，立刻感到一种从未有过的轻快和舒畅。普里斯特利在实验记录中诙谐地写道："有谁能说这种气体将来不会变成时髦的奢侈品呢？不过，现在只有两只老鼠和我才有享受这种气体的权利！"

这是普里斯特利一生中最重要的发现之一，他用的那种红色粉末是氧化汞，通过透镜聚集太阳光进行加热（不是燃烧），氧化汞被还原为汞，同时释放出氧气。这就是说，普里斯特利通过实验发现了氧。

可是普里斯特利当时属于化学界中的"燃素说"学派，这种学派认为物体燃烧是由于其中的燃素被释放出来的结果。当他看到这种新气体表现出能积极帮助木柴燃烧的特性，认为这必定是一种缺乏"燃素"而急切地希望从燃烧的木柴中获得燃素的气体，所以他给这种气体命名为"脱燃素空气"。1774年10月，普里斯特利来到巴黎，会见了法国著名的化学家拉瓦锡，并且向拉瓦锡介绍了他新发现的"脱燃素空气"。拉瓦锡不相信这种解释，他重复了普里斯特利的实验，也获得了这种新气体，然而他认为这是一种能够帮助燃烧的气体。1777年，拉瓦锡在推翻"燃素说"的同时，给这种被定名为"脱燃素空气"的气体重新定名为"氧"。

水和空气中都含有大量的氧，氧是生命不可缺少的元素。这就

96

是氧气被发现和被认识的故事。氧气是这样的重要，可是它却是看不见摸不着的物质，所以发现氧和研究氧是件了不起的大事。不过，还应该说明的是，发现氧气的人，除了普里斯特利外，还有一位科学家舍勒。舍勒在1773年就发现了氧气，他根据氧气能帮助燃烧的性质，给新气体取名"火气"。可是，他的研究著作《火与空气》在出版付印时，被拖延了3年，直到1777年才与读者见面，而这时普里斯特利的发现已为世人皆知了。所幸的是，科学界认为舍勒也是氧气的独立发现人之一。

人们一般公认发现氧的荣誉属于普里斯特利，1874年8月1日，在发现氧气100周年纪念日的那天，成千上万的人聚集在英国伯明翰城，为普里斯特利的铜像举行揭幕典礼；在普里斯特利的诞生地和墓碑前，也有许多科学家和群众前去参观、瞻仰；为纪念氧的发现，美国化学学会还选定在这一天正式成立。

水是一种化合物

人类从原始社会开始就是逐水草而居，没有水人类不能生存。

在很长一个时期里，人们把水看做是一种单一的、不可再分的、组成万物的"元素"。公元前403—公元前221年我国战国时代的著述《管子》中说："水者，地之血气……集于天地，而藏于万物，产于金石，集于诸生……万物莫不以生。"公元前6～公元前5世纪被尊为"希腊七贤"之一的唯物主义哲学家泰勒斯认为水是万物之母。公元前3世纪古希腊著名的哲学家亚里士多德提出水、火、土、气四元素说。最早出现在我国春秋末年的《尚书》中的五行：金、木、水、火、土，其中也有水。

17世纪，比利时医生赫尔蒙试图用实验证明水是真正的元素。他将称量过的柳树苗栽培在事先烘干并称量过的泥土瓦罐中，浇雨水或蒸馏水；并在瓦罐上覆盖有孔洞的铁板，防止其他物质进入瓦

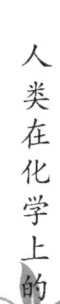

97

罐。5年后,他烘干并称量泥土,发现只相差约2盎司(英制重量单位,1盎司=28.349g),而柳树增加重量约164磅(1磅=0.454kg)。于是,他得出结论:柳树增加的重量只能是由水产生的。当时,他认识不到绿色植物还吸收空气中二氧化碳气体,在阳光下进行光合作用,产生它们生长所需要的营养物质。

直到18世纪,氢气和氧气被发现后才使人们逐渐认识了水。氧气是在1771—1774年先后被瑞典化学家舍勒和英国化学家普里斯特利制得。氢气是在1776年被英国化学家卡文迪许发现的。

1776年,普里斯特利将氢气通入封闭的含有空气的球形瓶内燃烧,火焰熄灭后,发现整个瓶内好像充满了分散得很细的白色粉末物质,像是白色的雾,而留在瓶内的空气变得完全有害了。法国化学家马凯在得知这一情况后决定进行实验,检验氢气燃烧后产生的究竟是粉末,还是雾。他将一个白色瓷碟放置在平静燃烧的氢气火焰上,没有发现任何一般火焰燃烧后留下的炭黑,而是清澈湿润的小液珠,他确定这是真正的水。

1778年,马凯又将氢气预先通过氯化钙干燥后燃烧,以免误认为形成的水是由于氢气中含有的水蒸气产生的凝结。结果得到的水在0℃时结冰,100℃时沸腾,无色,无臭,无味。

1783年,法国化学家拉瓦锡仍以怀疑的心理进行了水的合成和分解实验。他在后来发表的论文中说,如果水真是氢气和氧气的化合物,必须进行实验。他设计了合成水的实验装置。氧气是由氧化汞通过加热制得,氢气是由铁分解水制得的。

拉瓦锡设计分解水的实验是将铁屑放入一铁管中,加热铁管,通入水蒸气,铁被氧化,水被分解,放出氢气。

1783年,拉瓦锡在法国科学院召开的会议上宣布:水不是一种元素,而是由氧气和氢气组成的化合物。

1800年3月,意大利物理学家伏特用小银圆片和小锌片相间重叠成小堆,并用食盐水或稀酸浸透的厚纸片把各对圆片相互隔开,创造原始的电池——电堆,此事传到英国后,伦敦皇家艺术学院解

剖学教授、外科医生卡里斯尔和东印度公司官员、土木工程师尼科尔森共同组装了一套电堆，进行电解水的实验，并在当年7月发表联名报告，说明电解水的结果是产生氢气和氧气，水是由氢气和氧气组成的。紧接着不少人进行了同样的实验，得到的结论也相同。

不少人进行了水的质量组成分析。1786年拉瓦锡得出氢与氧的质量比是1∶6.61；1791年法国化学家富克鲁瓦和沃克兰共同得出1∶6.17；1803年英国化学家、原子论创立者道尔顿得出1∶5.66；1842年法国化学家杜马得出2∶(15.96±0.007)。

由于19世纪上半叶科学家对原子和分子的概念说法不一，原子量和分子量的测定各异，使得水的分子式被写成HO、H_2O_4等各种形式。直到19世纪60年代，水的分子式才逐渐被统一确定为H_2O。

氮气的发现

在中世纪欧洲炼丹术士密传的经典里，常画有一只手，手的大拇指上面画着一顶皇冠，它代表的是硝石（硝酸钾KNO_3或硝酸钠$NaNO_3$，后者又叫智利硝石）。

炼丹家们用皇冠代表硝石是很自然的，他们把硝石看做是"万石之王"和"火的源泉"。

把硝石撒在田里，庄稼会长得更壮更好；本来只会燃烧不会爆炸的硫磺和木炭，一经与硝石混合，就会成为炸药。聪明的中国人正是利用它的这一性质，发明了黑火药，威力远远超过了当时欧洲人的长矛、短剑。

由于炼丹、种田、打仗都要用到它，天然硝石就渐渐供不应求了，人们为了得到它就建立了"硝石种植场"。当时人们可能还说不清它是石头还是植物，以为它也可以像种庄稼那样进行种植。他们把树叶、半腐朽的木头、牲畜粪便等倒在一个坑里，让它们腐

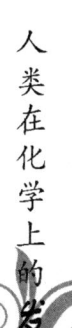

科学的进程

烂、生长，过一段时间后，再来收获那上面长出的白毛状的"硝石霜"。可以想象，这费了九牛二虎之力才结成的硝石霜，常常是少而又少的。

自然界的硝石存在很少，原因很简单：硝石易溶于水，即使自然界有过硝石，也早被雨水冲洗干净，人类开采不到了。在遥远的南美洲——智利干旱的沙漠里，天然干旱无雨的条件使这里保存了不少的天然硝石。

硝石里有些什么呢？当时谁也不知道。有人发现如果用浓硫酸处理硝石就会得到一种新的液体，当时的人还不能分离和认清它是什么，就叫它"硝石精"。

1779年，英国化学家普里斯特利在实验中发现，当空气中通过电火花时，空气的体积会变小，生成的气体遇到水也会明显地呈酸性。这酸性气体是什么呢？普里斯特利草率地把它说成是碳酸气（二氧化碳），轻易地错过了认识硝石的机会。后来，英国化学家卡文迪许让电火花通过装有空气的管子，很快就发现管子里出现了一种红棕色的气体，它具有硝石精特有的那种气味，溶于水后显示的酸性和其他性质也与硝石精一样。现在，我们已经知道，空气中的氮气先在通电情况下与氧形成一氧化氮，一氧化氮又自动与氧反应化合成二氧化氮，然后再与水作用而形成"硝石精"——硝酸，作为炼丹、炼金家"天书"里"圣手"拇指上皇冠的硝石，则不过是它形成的钾盐、钠盐罢了。

笑气的发现

笑气的化学名称叫一氧化二氮，无色有甜味，是一种氧化剂，在一定条件下能支持燃烧，化学式N_2O，在高温下能分解成氮气和氧气，但在室温下稳定，有轻微麻醉作用，并能致人发笑，能溶于水、乙醇、乙醚及浓硫酸。其麻醉作用于1799年由英国化学家汉

弗莱·戴维发现。

1772年，英国化学家普里斯特利发现了一种气体。他制备了一瓶这样的气体后，把一块燃烧着的木炭投进去，木炭比在空气中烧得更旺。他当时把它当做"氧气"，因为氧气有助燃性。但是，这种气体稍带"令人愉快"的甜味，同无臭无味的氧气不同；它还能溶于水，比氧气的溶解度也大得多。所以，普里斯特利断定它并非氧气，但它到底是什么，成了一个待解的"谜"。

1798年，普里斯特利实验室来了一位年轻的实验员，他就是后来在化学界大名鼎鼎的英国化学家汉弗莱·戴维。戴维有一种忠于职责的勇敢精神，凡是他制备的气体，都要亲自嗅几下，以了解它对人的生理作用。当戴维吸了几口这种气体后，奇怪的现象发生了：他不由自主地大声发笑，还在实验室里手舞足蹈起来，过了好久才安静下来。因此，这种气体被称为"笑气"。

戴维发现"笑气"具有麻醉性。不久，以大胆著称的戴维在拔掉龋齿以后，疼痛难熬，他想到了令人兴奋的笑气，取来吸了几口。果然，他觉得痛苦减轻，神情顿时欢快起来。

笑气为什么具有这些特性呢？原来，它能够对大脑神经细胞起麻醉作用，但大量吸入可使人因缺氧而窒息。

二氧化碳的发现

早在公元300年以前，我国西晋时期的张华就在他所写的《博物志》一书中作了"烧白石作白灰有气体发生"的记载。这记载不但记下了1 600多年前我国就已掌握了用石灰石烧制生石灰的技术，还记载了已观察到有气体产生的现象，虽然当时张华还不可能知道它是二氧化碳。

17世纪，比利时科学家海尔蒙特发现在一些洞穴中有一种可以使燃烧着的蜡烛熄灭的气体，并且与木炭燃烧，与麦子、葡萄发酵

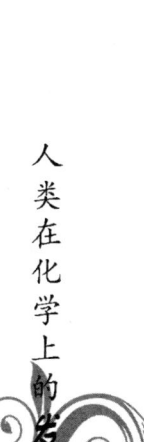

以及石灰石与醋酸接触后产生的气体一样。可这种气体是由什么组成的呢？它们为什么来源不同、性质却相同呢？海尔蒙特也无法解释这个现象。

1755年，英国化学家布拉克又进一步定量地研究这种气体，他一次次把石灰石放到容器里煅烧，烧透后再一次次仔细称量剩下的石灰重量，发现每次都减轻了44%。这44%究竟是什么呢？

布拉克改用酸来与石灰石反应，并用一定量的石灰水来捕捉反应时生成的气体，发现石灰水能很好地捕捉住这些气体，而且又刚好是44%！这说明煅烧时跑掉的那44%的重量，就是这44%的气体。这气体不烧不出来，好像固定在石灰石中一样，布拉克叫它作"固定空气"。

布拉克把蜡烛、麻雀、小老鼠等放在这"固定空气"里，发现这种气体跟一般空气不一样，它能熄灭蜡烛，还会无情地扼杀麻雀、小老鼠的生命！他还做了许多实验来研究、证实这种"固定空气"的存在，大大开阔了人们的眼界，使人们认识到世界上的"气"，原来不是唯一的，更不是一种元素。布拉克和其他科学家还想进一步在水面上收集一些极纯净的这种气体，但由于这种气体能溶在水里所以始终没取得成功。10年以后，著名英国化学家卡文迪许想出了一个高招——他把这种气体通入水银槽，然后再在水银表面上收集这种气体。这回他成功了，"固定空气"被他严严实实地封闭在容器里，乖乖地让卡文迪许测量了比重、溶解性，并证明了它和动物呼出、木炭燃烧所产生的气体相同。

1772年，法国化学家拉瓦锡等人用大聚光镜把阳光聚焦在汞槽玻璃罩中的金刚石上，做了著名的烧钻石实验，发现钻石燃烧后产生的也是这种气体，与一般木炭燃烧产生的气体毫无差别。

氧气发现后，拉瓦锡马上又用普里斯特利发现的氧化汞制氧法制出纯氧，然后再用这种纯氧与纯炭进行燃烧实验，发现所生成的只有一种气体，从而也就说明这种气体是由碳、氧两种元素组成的化合物，进一步证明它不是什么"单纯的基本的要素"。

后来，人们又发现了更精确的实验方法，并经道尔顿等许多化学家的努力，才证明这种气体的分子中碳、氧原子的个数比为1∶2。

就这样，经过不知多少位化学家的努力，人类才认识了二氧化碳这种气体。

臭氧的发现

1840年的一天，德国化学家舍恩拜因走进自己的实验室，准备开始工作。这时，他忽然闻到一股气味。

毫无疑问，产生这股气味的物质肯定就在实验室里。舍恩拜因赶紧关闭了门窗，开始一处一处地搜寻起来。很快他便发现，这股气味是从电解水的水槽中散发出来的。

舍恩拜因想：水是由氢、氧两种元素组成的，电解水时，会产生氢气和氧气。可是氢气和氧气是没有气味的，现在却出现一种奇怪的气味，那么，难道电解水时，同时还生成了其他的物质吗？一定要搞清楚。舍恩拜因开始了研究，在经过反复实验后，果然收集到一种新气体。这种气体的分子是由3个氧原子组成的，比普通氧气分子多1个氧原子。因为它有一种特殊的臭味，舍恩拜因叫它"臭氧"。

打雷闪电时，空气中的氧气受到放电的作用以后，有一部分转变为臭氧；电解水时，阳极上生成的氧气，受到电流的作用，也有一部分转变为臭氧。少量的臭氧能使空气清爽，雷雨之后空气格外新鲜，就是这个道理。

臭氧还是一种氧化剂，有强烈的杀菌作用，常用来消毒饮用水和净化空气。臭氧还存在于地球的上空，能吸收太阳辐射的短波射线，保护地球上的生命不受危害。

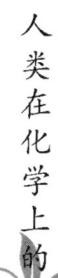

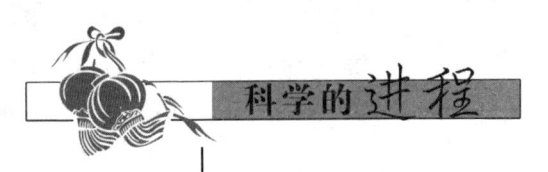

无氧酸的认识

1774年，化学家舍勒在用盐酸与软锰矿（主要成分二氧化锰）反应时制出了氯气，它有较强的溶解性，溶于水形成的氯水能很容易地把织物漂白。后来，人们又把氯气通入熟石灰制成了漂白粉，进一步使漂白变得简单而方便。

氯气和漂白粉为什么能把织物漂白呢？当时谁也说不清楚，就连氯气发现者舍勒自己也认为氯气是脱燃素盐酸呢！

这也并不奇怪，因为那还是"燃素说"统治着化学的时代，虽然拉瓦锡已开始冲击这错误的"燃素说"，但舍勒和许多人却还是这一错误学说的信奉者。他们从燃素说出发，必然得出氯气是脱燃素盐酸的结论，并认为它是一种复杂的物质，里边含有氧，而起漂白作用则更加证明氧的存在。照这种逻辑推下去，由氢和氯形成的酸——盐酸也就含有氧了，刚好进入了拉瓦锡是酸就必然含氧的窠臼。

为了证实氯气中含有氧的论断，也为了从氯气中制得氧气，人们都争相实验着：有的用红热的炭，有的用金属放在氯气中燃烧，人们用了许多强有力的能结合氧的物质或手段，可就是没有一个人成功地从氯气中制出氧来，也没有一个人成功地证明氯气中有氧存在。

这么多有效的方法都不能把氧从脱燃素盐酸（氯气）中"拉"出来，那会不会是它里边根本就不含氧呢？如果这一想法是正确的，那氯气不就是一种单质了吗？由这样一种单质与氢形成的酸，不就是一种不含氧的酸了吗？这样的无氧酸是与拉瓦锡的观点相矛盾的，是不是拉瓦锡是酸必含氧的观点不对呢？

年轻的英国化学家戴维这样思索着，待他确信自己的怀疑是有道理的，自己关于无氧酸存在的观点是正确的时候，就于1810年

11月在英国皇家学会上宣读了自己的论文，由于这一观点既有雄厚的实验基础，又有详尽的推理阐述，终于被人们接受，大家承认了无氧也可以形成酸的事实。

捕捉丢掉的氨

氨是一种无色、有独特刺激性气味（臭味）、又极易溶解于水的气体，化学上又叫阿莫尼亚。它存在于人畜排泄物及腐烂的尸体中。

早在17世纪初，因发现二氧化碳而著名的海尔蒙特就曾发现过氨。后来，德国化学家、曾发现过芒硝等许多种物质的格劳贝尔也曾在17世纪中叶，采用人尿加石灰的方法制出过氨，据说还把它通入到浓硫酸中而制得了硫酸铵。

还有一种说法，说是德国化学家孔克尔最先发现动物残骸腐烂时会产生一种"看不到但很呛人"的气体，并对此作了记录，因此他才是氨的发现者。

比利时化学家海尔蒙特

在孔克尔这一发现稍后，又有一名叫赫尔斯的化学家通过实验发现：把石灰和氯化铵混合放在曲颈甑中加热，会有氨臭味。而如果把曲颈甑颈管插入水中，则可以见到水会被曲颈甑倒吸入甑中——这说明他已经发明了与我们今天实验室制氨法相同的方法。但是，他却没想到氨极易溶于水的性质，所以在看到水发生倒吸时没有及时予以关注，白白地让已经抓到指尖的氨悄悄溜掉了，错过了一次取得巨大成功的机会。

时间又过了约半个世纪，这根捕氨的接力棒历史性地落到了英

国化学家普里斯特利手里。他重复了赫尔斯用石灰与氯化铵混合加热的制气方法，但在收集气体时，却采用了他常用的高招儿——排汞集气法。由于氨气不能溶于汞（水银）这种液态金属，终于被普里斯特利收在了瓶子里。

普利斯特利收集到了纯氨，描述了它的性质，还给它起名叫"碱性空气"。当时人们还刚刚研究空气，"空气"这个名词其实是与我们今天说的"气体"更相近。值得注意的倒是"碱性"两个字，因为它完全可以证明，200多年前的普里斯特利已认识到氨水呈碱性这一事实了。

在此之后，氨的碱性也为其他化学家所认识。后来，法国化学家贝托雷又进一步确定了氨的组成，还为它取名为"挥发性碱"，使人对氨的认识又有了一次飞跃。

现在，制氨工业已成为世界基本化学工业之一，许多人都知道了氨——阿莫尼亚的大名。

"神水"——芒硝的发现

距今300多年，在意大利的那不勒斯城里，21岁的德国青年格劳贝尔正在那里旅行。

格劳贝尔因为家境贫寒，没有进大学深造的条件，他便决定走自学成才的道路。格劳贝尔刚刚成年时就离开家，到欧洲各地漫游，他一边找活儿干，一边向社会学习。可是很不幸，格劳贝尔在那不勒斯城得了"回归热"病。疾病使他的食欲大减，消化能力受到严重损害。看到格劳贝尔一天比一天虚弱，却又无钱医治，好心的店主人便告诉他：在那不勒斯城外约10km的地方，有一个葡萄园，园子的附近有一口井，喝了井里的水可以治好这种病。格劳贝尔被疾病折磨得痛苦不堪，虽然半信半疑，还是决定去试试。奇怪的是，他喝了井水后，突然感到想吃东西了。于是，他一边喝水，一边吃面包，最后居然吃下去一大块面包。不久，格劳贝尔的病就痊愈了，身体也强壮起来。

这件事像是有股魔力，时时缠绕着格劳贝尔。一天，他又去了那不勒斯一趟，取回了"神水"。整整一个冬天，格劳贝尔哪儿也没去，关起门来一心研究着"神水"。他在分析水里的盐分时，发现了一种叫芒硝的物质，格劳贝尔认为，正是芒硝治好了自己的病。于是格劳贝尔紧紧抓住芒硝这一物质进行了大量研究，了解到它具有轻微的致泻作用，药性平和。由于人们历来就有一种看法，认为疏导肠道通畅对身体健康有极大好处，所以格劳贝尔认为自己取得了医药学上的重大发现，把它称为"神水"、"神盐"，后来还把它称为"万灵药"，他相信自己的病就是喝这种"神水"治好的。这是大约发生在 1625 年前后的事，化学还没有成为一门科学，格劳贝尔对万灵药的兴趣还带有炼金术士的色彩。

格劳贝乐当年发现的"万灵药"芒硝，现在已经弄清楚，它是含 10 个结晶水的硫酸钠。硫酸钠在医学上一般用做轻微的泻药，更多的用途是在化工方面：玻璃、造纸、肥皂、洗涤剂、纺织、制革等，都少不了要用大量的硫酸钠；冶金工业上用它做助熔剂；硫酸钠还可用来制造其他的钠盐。

为了纪念格劳贝尔的功绩，人们也把芒硝称为"格劳贝尔盐"。

紫罗兰与酸碱指示剂

酸能使石蕊变红，碱能使石蕊变蓝、使酚酞变红。像石蕊、酚酞遇酸碱而发生颜色变化的物质，就叫做酸碱指示剂。对酸碱指示剂的发现与使用，可追溯到 17 世纪。英国化学家玻意耳是第一位把各种天然植物的汁液用作指示剂的科学家，他是怎样发现天然植物的汁液与酸和碱的关系的呢？

原来在 17 世纪的时候，年轻的玻意耳对希腊学者亚里士多德

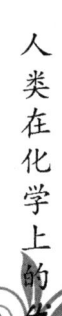

等人的一些对事物的解释很不认同，为了弄明事实的真相，他筹建了自己的实验室，他要用实验来还原事物的真实面貌。

一次，园丁把深紫色的紫罗兰放在玻意耳的工作室里，玻意耳很喜欢紫罗兰的妍丽和芬芳，他取出一束花，带进了他的实验室。在一个实验告一段落后，玻意耳拿起那束紫罗兰回到工作室，这时他才发现有几滴盐酸沫溅到了紫罗兰上，并微微冒出白雾。

玻意耳把花束浸在水里，过了一段时间，瞧了一眼紫罗兰，意外地看到紫罗兰变成红色了。

真是奇迹！玻意耳立即跑进实验室，用花瓣试验了几种酸溶液，又试了几种碱溶液。发现花瓣呈现两种不同颜色。

玻意耳采集了各种花朵，提取它们的浸出液；后来又大量收集了药草、地衣、五倍子、树皮和树根制备了各种颜色的浸出液。经过他的努力，终于发现了石蕊酸碱指示剂，那是用石蕊地衣提取出来的紫色浸出液，用这种浸出液加入不同比例的酸碱液，会显示出不同的颜色。因此，可以用它标定不同溶液的酸碱度。

他在《颜色的试验》一书中描述了怎样用植物的汁液来做指示剂。他所使用的植物的种类很多，有紫罗兰、玉米花、玫瑰花、雪花、苏木（巴西木）、樱草、洋红和石蕊。例如，玻意耳在该书中对紫罗兰作指示剂的描述为："用上好的紫罗兰的浆汁滴在一张纸上，再在上面滴2~3滴酒精。那么，当醋或者几乎所有其他的酸滴在这种浸有植物浆汁和酒精混合物的纸上时，你就会发现植物的浆汁立即转变成红色。使用这种方法的好处是，在进行实验时只需要使用少量的植物浆汁，就能使颜色的变化非常明显。"

在玻意耳之后，荷兰科学家布尔哈夫又发现可以利用指示剂来检出碱性化合物，他最常使用的指示剂是紫罗兰和石蕊。

到了18世纪，人们对指示剂又进行了更深入的研究和广泛使用。在对天然植物浆汁作指示剂的使用中，人们常抱怨这些浆汁的颜色变化不够清晰和敏锐，这直接导致了化学合成指示剂的发展。第一个获得成功的指示剂是酚酞，它遇碱变红遇酸不变色，不久又发现了甲基橙指示剂。到 19 世纪末，化学合成指示剂已有 40 多种。

至今，酸碱指示剂仍广泛应用在化学实验中。

火柴的发明

远古时代，人们取火只能利用自然火。公元前 5 万年左右，人们在劳动过程中发现摩擦能够生火，于是出现钻木取火；看到打击石器时火星溅出，于是出现燧石取火，燧石是一种石英石矿石；铜器出现后出现了阳燧取火，阳燧是一种铜凹镜，能将日光反射聚成焦点，焦点温度很高，能使易燃物着火。

但不论是钻木取火，燧石取火还是阳燧取火，都需要保留火种。

17—18 世纪，欧洲兴起科学实验，产生了近代化学，化学家们发现了一些化学物质，利用它们的化学反应取火，才使火柴逐渐出现。

1669 年，德国汉堡城一位叫汉尼希·布朗德的人通过蒸馏人尿首先发现白磷。这是一种特殊的白色固体，像是蜡，带有大蒜的臭味，在黑暗中不断发光，他称它为"冷火"。

这一发现引起当时德国几位有名学者的注意，正是他们把布朗德的发现记叙下来，传播出去，留在科学文献中，成为磷的最早发现史。

白磷是白色半透明晶体，暴露在空气中会缓慢氧化，产生的能量以光的形式释放出来，因此在暗处发光。当磷在空气中氧化到表面积聚的能量使温度达到 40℃时，便达到磷的着火点引起自燃。

18 世纪末，在欧洲出现了利用白磷取火的磷烛、磷瓶等。所谓磷烛，是在细小的玻璃管中放置一小支蜡烛，烛底放置一小块白磷，将玻璃管密封后放置在温水中，使白磷熔化粘在烛底，使用时

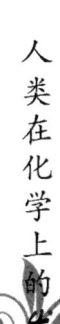

将玻璃管打碎，使粘着白磷的蜡烛燃烧。磷烛于1781年首先在法国出现。所谓磷瓶，是将白磷放置在一个小玻璃瓶中，点燃后迅速熄灭，使瓶内壁粘有一层氧化磷，然后塞上瓶塞，另用小木条粘有熔融的硫，放置在金属盒中。使用时将粘有硫的小木条伸入玻璃瓶中，蘸取部分氧化磷，在瓶塞上摩擦取火。磷瓶于1786年首先在意大利出现，之后很快传到法国巴黎和英国伦敦。

1805年，17岁的法国青年、后来成为化学家的尚塞尔发明了一种"瞬息着火盒"。这是一个小的金属盒，内装一小瓶紧塞着塞子的硫酸和一些小木条，木条头部涂有氯酸钾（$KClO_3$）、蔗糖和树胶的混合物。使用时将小木条头部浸渍硫酸，取出后着火。这是由于氯酸钾与硫酸进行化学反应，产生的热量使易燃的碳燃烧，碳是蔗糖被硫酸脱水后生成的。这种取火装置也被称为化学火柴，在欧洲和美国流行了将近40年。

1827年，在英国首次出现了现代火柴形式的摩擦火柴。创造人是瓦克，他是一位外科医生，在家乡英格兰蒂斯河畔斯托克顿行医并开设药房，他在配制药剂中发明了一种摩擦火柴。这种火柴是在小木条头上涂有氯酸钾、三硫化二锑和树胶的混合物，使用时将木条头部在砂纸上摩擦取火。

后来，火柴在生产中不断地得到改进和创新，将火柴头涂有氯酸钾、三硫化二锑和树胶的混合物，在火柴盒两侧涂有红磷、玻璃粉和树胶的混合物，使用时将火柴头摩擦涂有红磷的火柴盒一侧取火。这就是我们今天使用的安全火柴。

电池的发明

非洲和南美洲的人早就知道有一种特殊的热带河鱼，当你要捉它时，它会狠狠给你一下电击。18世纪中叶，有一艘英国船带了几条这种鱼到伦敦，生物学家们研究了它们，结果发现，只有当你的两只手同时碰及鱼的头部和身体的下部时才会发生放电现象。这种鱼因此被称为电妖鱼或电鳗。

鱼放电的现象引起了意大利解剖学教授伽伐尼的注意，他当时正在研究青蛙腿的肌肉收缩现象。他偶然发现用铜钩子挂在他家阳台铁栏杆上的几只蛙腿在碰到栏杆的铁条时，突然跳动起来，仿佛活了一样。为了证实这一现象，他在1786年9月20日做了一个实验：他用一把叉子——一个叉尖是铜的，另一个是铁的，去碰蛙腿的神经和肌肉，每碰一下，蛙腿就立即收缩。于是伽伐尼就认为这和电鳗放电现象是类似的，在1791年发表了关于动物体内有特殊"活电"的论述。

这个结论遭到物理学教授伏特的反对。伏特认为电的来源不是动物体，而是两种不同金属的接触。他为了证明自己的意见是正确的，他把银的小圆片和锌的小圆片相间重叠起来，并用食盐水浸透过的厚纸片把各对圆片相互隔开，在头尾两个圆片上连接导线，当这两条导线接触的时候，立即产生了火花。这就是科学史上著名的伏特电堆。后来伏特又用几个平底无脚酒杯，内装稀硫酸，把一些一半锌和一半铜或银的金属条浸入杯中，锌端浸入一个杯子里，银端浸入另一个杯子里，把几个杯子连接起来，称为杯冕，也就是今天物理、化学教科书中讲述的伏特电池了。伏特把这种产生电流的现象称为伽伐尼电流，以纪念他的朋友。

1800年3月，伏特将自己的发现写成论文送交英国伦敦皇家学会发表，因为伦敦皇家学会当时是国际上科学思想交流的中心。他在这篇文章中写道："是的，我向各位报告的这种仪器，无疑会使你们感到惊奇。它只是许多良导体按一定顺序排列起来的集合，有30片、40片、60片，或更多的铜片，用银片就更好，每片都镀上

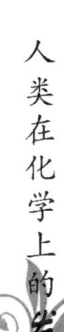

锡，或者最好是镀上锌。片与片之间隔一层水，或其他比水导电性更好的液体，例如碱水、盐水等，也可以使用在这些液体中充分浸泡过的硬纸板或皮革等。这些夹层插在一对对或一组组不同的金属对之间，交叉放置的顺序总是保持不变。这就是我的新仪器的全部结构。"

伏特电堆

电堆传到英国后，1801年英国东印度公司官员尼科尔森和外科医生卡里斯尔首先用它来分解水并取得了成功。当时他们是用36枚英国半克伦银币和同样大小的锌片及纸片进行组装。他们测得电解水所得的氢气和氧气的体积，正与所假定的水的各组成部分体积比相符合。

差不多同时，1802年，俄罗斯圣彼得堡外科学院教授彼特罗夫用4 200个铜片、锌片组装成一个庞大电堆进行水的分解。

但是，化学家们在利用电堆电解水时，发现在电极附近出现酸和碱，这引起当时化学家们的研究，并产生种种学说。一些科学家们认为酸和碱是由于电的化学作用从水中产生的。

英国化学家戴维不同意这种无中生有地产生酸和碱的说法，他决定进行一次不使任何物质渗进水里去的电解水的实验。他认为玻璃容器可能产生碱，就把金制的圆锥体容器先放在蒸馏水里煮了几个小时，取出后盛放蒸馏过两次的水，然后把该容器放在一个抽掉空气的玻璃钟罩下面，用从伏特电堆经过铂线传来的电流电解水，却没有发现酸和碱。他在1806年发表论文认为，水经过电堆分解后产生酸和碱是由于水中溶解了盐，并认为一种盐被电解生成一种酸和一种碱，正如水被电解生成氧气和氢气一样。

电堆和电池的发明很快成为科学家们进行研究的实验工具，使一些化学性质活泼的碱金属元素、碱土金属元素、卤素和硼、铝等从它们的化合物中被分离出来，而它们的化合物在长时间里被认为是不能再分的简单物质——元素。电池改变了科学家们的这种错误论点，使化学元素被发现的数目迅速增加。

氯酸钾的意外获取

氯酸钾为白色单斜晶体，味咸而凉，为强氧化剂。常温下稳定，在400℃以上则会分解并放出氧气。与还原剂、有机物、易燃物如硫、磷或金属粉末等混合可形成爆炸性混合物，急剧加热时可发生爆炸，有时候甚至会在日光照射下自爆。

氯酸钾还有一个响亮的名字，叫贝托雷盐。贝托雷是与法国大化学家拉瓦锡同时代的另一位法国著名化学家，他的名字是怎么跟氯酸钾连在一起的呢？

原来，在1774年瑞典化学家卡尔·舍勒发现了脱燃素盐酸以后，欧洲各国化学家对氯气的研究便更加关注了。他们研究它的各种性质，研究它在生产、生活中的应用，一时间仿佛形成了氯气热。在这一研究热潮中，法国的贝托雷很快就脱颖而出，他先是用软锰矿（主要成分二氧化锰）与盐酸反应制出了氯气，然后又把氯气溶进水里，注意到溶液会逐渐变成无色并放出氧气。他继续研究后发现，氯气在与苛性钾溶液作用时要比与水反应容易，氯气与苛性钾溶液反应会生成两种盐：其中一种是常见的氯化钾，另一种是什么当时还不得而知。

贝托雷决定对这种物质进行研磨。他刚研了两下，研钵里就发生了爆炸，炸得研杵飞出，贝托雷用双手捂住自己烧伤的脸颊，半天才知道发生了什么事。待他整理完现场，不觉又转惊为喜：既然这种新物质与硫磺研磨有这么强的爆炸力，何不用它来制作炸药

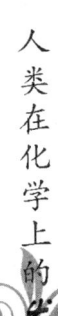

呢?他最后终于研制成了用硫磺、炭粉和这种盐(氯酸钾)混合制成的炸药。后人为了纪念贝托雷,就管这种盐叫贝托雷盐。

正由于氯酸钾的这一特性,我们必须记住:氯酸钾这种常用制氧药绝对不能与硫、磷、炭等物质混研、共热——特别是不能把炭粉当成二氧化锰(二者都是黑色粉末,极易混淆)作催化剂与氯酸钾混合制氧,当再加热时常会发生猛烈爆炸。

带甜味的"油"

1779年,瑞典化学家舍勒在用橄榄油和一氧化铅做实验时,制得一种无色且没什么气味的液体。后来,他又换了别的油和药品来做实验,发现也能得到这种液体并同时得到了肥皂。

舍勒尝了一点这种液体,他发现这种液体有股"很温柔的甜味"。他不禁咽下了一些,待了一会儿,也没什么不适——这说明它没什么毒。

从此,这种总和肥皂一起诞生,无色无臭有温柔甜味的黏稠液体就有了自己的名字——"甜味的油",即甘油。至于它该不该算作油类,为什么是油却溶于水,谁都没考虑过。

人们试着把它的溶液搽到脸上、手上,发现它能滋润皮肤,于是,它就成了至今还在使用的皮肤滋润剂。但要注意,不要把浓甘油或纯甘油搽在脸上,它会从你脸上的皮肤中往外吸水,使你的脸越搽越干,紧绷绷的。

1836年,在人们制得纯甘油以后,又发现了它还有可燃性,随即又通过实验知道了它也是由碳、氢、氧三种元素组成,如果只从元素组成上看,确实与那些油类一样。

10年以后,意大利化学家索布雷罗用甘油与硝酸制得了硝化甘油(也叫硝酸甘油或三硝酸甘油酯),这是一种很奇特的物质:作为急救药,它可以使心绞痛病人死里逃生;作为炸药,它又会对不

慎磕碰了它的人大发雷霆。人们只好对硝酸甘油敬而远之，但对甘油却始终没有停止研究。1856年，英国化学家帕金首先合成了人工染料，甘油在其中扮演了重要角色。几乎是在同时，瑞典化学家贝采利乌斯等人利用甘油与别的物质作用，制成了最简单的塑料，为以后塑料工业的发展铺平了道路。

1867年，炸药大王瑞典化学家诺贝尔用硅藻土（无定形二氧化硅）吸收硝化甘油，制成了安全炸药。10年后，他又把硝化纤维和硝化甘油混合制成了炸胶——这种像橡皮泥一样的炸药可以很容易地粘在坦克或军舰的铁舱门上，然后用雷管引爆。

1883年，人们才弄清了甘油的结构，知道它应该叫丙三醇，不属于油脂类，而应算乙醇（酒精）的本家兄弟。

第一次世界大战使硝化甘油的消耗量猛烈增加，只靠植物油脂制造甘油已满足不了需要。为了有更多的甘油来制造炸药，德国人发明了用甜菜发酵的方法制造甘油，每年2 000t的甘油把大炮"喂"饱了，人们的咖啡和奶酪里却没有了甜味儿！

第二次世界大战以后，世界石油工业有了很大发展，这就为甘油的生产开辟了新的道路，甘油被更加广泛地应用到各行各业中去。

苦味炸药的获取

1871年，法国某市的一家染坊"轰——"的一声爆炸了。这爆炸声惊动了全城，吓得大家都跑出来看，有的人甚至以为是发生了地震。

在化学家的帮助下，人们才找到引起爆炸的原因——染坊里常用的一种黄色染料！

这种染料是染坊师傅们一直沿用下来的，有100多年的历史了，谁也没听说过它有这样大的威力。若不是这次一位徒工为打开

过紧的桶盖，给了它一锤，大家一定会继续以为它只是一种黄色染料。

化学家们在以后的研究中发现，这种黄色染料兼炸药的性质其实是很稳定的。它可以在加热的情况下安静地熔化成像蜂蜜一样的液体。于是，他们给它起了个甜滋滋的名字——蜜儿腻的，这个名字无论法文还是中文都是与甜味密不可分的。

但是，尝过它味道的人都知道：它并不甜蜜，相反，却苦得令人咋舌！还是科学家们给它取的名字更贴切——劈克力克酸，即苦味酸。

苦味酸被人们熔化后填注到炮弹里，出现在战场上，它强大的爆炸力顿时使原来被认为坚不可摧的工事要塞变得不堪一击。

然而，这种新炸药很快也暴露了它的缺点：一是它的酸性会腐蚀弹壳；二是它常因无意中的碰撞而发生爆炸事故，炮兵们对它提心吊胆。因此，这种炸药很快又被一种比它更加稳定的新炸药所取代，这种新炸药学名叫三硝基甲苯，即平时人们所说的TNT。它不怕烧，也不怕砸，即使不小心把炮弹掉到地上——只要没上引信，也出不了什么事。而装好引信雷管后发射到敌人一方发生爆炸时，那情景就截然不同了：TNT会剧烈地爆炸。于是，TNT力超群雄成为炸药中的后起之秀。

直到今天，TNT还是产量最大应用最广的炸药，并和硝铵炸药一起承担着工程以及军事方面的爆破任务。

建筑万能胶——水泥的来历

水泥自从被人类发现后，便广泛用于各种建筑中。无论是长堤大坝、水下建筑，还是高楼大厦、亭阁雕塑……可以说，没有一种现代建筑能离开水泥。

那么，水泥是由什么构成的呢？它是如何诞生的呢？

早在18世纪中叶，英国由于工业革命迅速崛起，海上交通异常繁忙。1774年，工程师斯密顿奉命在英吉利海峡建造一座灯塔。这件事可把斯密顿难坏了：在水下施工，用石灰砂浆砌砖，怎么也砌不成，灰浆一遇到水就变成了稀汤，根本没办法凝固。

经过无数次实验，他终于摸索出了一个办法，即用石灰石、黏土、砂子和铁矿渣，经过一定程度的煅烧，然后磨成粉状，形成混合料，用这种混合料来施工。这种新材料在水中不但没有被冲稀，反而会渐渐变得像石头一样坚硬。使用这种材料，他终于在英吉利海峡建成了第一座灯塔。

英国一位叫做亚斯普丁的石匠，认为这种材料必将大有用途，于是，他又进行了试验，并摸索出石灰石、黏土、铁矿渣等原料的组成比例，还进一步完善了生产方法。1824年，他申请了专利，获得了水泥的发明权。

由于这种建筑材料硬化后从颜色到硬度可与波特兰的一种石头相媲美，因此人们都称它为"波特兰"水泥。在我国，则统称硅酸盐水泥。

水泥是几种原料经过烧结而成的。用水泥、砂子和水又可形成水泥砂浆，它才是建筑上真正的万能胶，能将砖、石、瓦等紧密地黏结起来。我们常见的混凝土，就是水泥、砂子和碎石子的混合物。

水泥凝固后虽然很坚硬，但也很脆，禁不起撞击，即抗拉强度低。为了克服这个缺点，1861年法国工程师克瓦涅又采取了新的组合，即用水泥、钢筋、砂石建起了一座水坝。这座水坝非常坚固，因为钢筋混凝土同时具备钢筋抗拉强度高和水泥硬度高两方面的优点。

从此，钢筋混凝土的应用越来越广，名声越来越大。现在各种大型建筑物如各种摩天大楼、横跨江河的大桥等，几乎都是用钢筋混凝土建成的。

随着科学技术的进步，以及需求的多样性，水泥家族中不断增

添着新成员。当然，这些新成员都是在水泥的基础上，又做了一些改进，从而增添了许多新性能。

比如，在硅酸盐水泥中加入石膏和膨胀剂，便可制得一种"膨胀水泥"。这种水泥在修复隧道尤其是修复隧道出现的裂缝方面很有用处，因为它硬化后体积增大，可使裂缝两边的岩石牢固地胶合在一起。

再如，在卫星发射场的发射台下，有一个用水泥构成的喇叭状坑道，当巨大的火箭点火后，火箭尾部会喷射出上千摄氏度高温的火焰，该火焰就是通过这喇叭状坑道被引导出发射台的。修建这喇叭状坑道不能用一般水泥，因为一般水泥在如此高温下会粉身碎骨，因此必须采用耐高温水泥。这种耐高温水泥中含有大量的含镁化合物，可以有效地提高水泥的耐热性，因此这种水泥又叫做高镁水泥。

此外，还有耐酸碱水泥、快硬水泥、抗水渗水泥以及彩色水泥……它们都是水泥家族中的佼佼者，有着特殊性能和专门用途。

炼铝工业的春天——助熔剂的发现

铝是一种化学性质很活泼的金属，因此在自然界中没有单质铝存在，它主要存在于铝硅酸盐矿石里，如长石、云母、高岭土、冰晶石、铝土矿等。铝资源十分丰富，占地壳元素组成的7.45%，仅次于氧和硅，是铁的两倍，是铜的近千倍，在地壳元素中位于第三位。美国和苏联宇航员从月球上带回的岩石中氧化铝的含量约为15%，这说明月球上也有相当多的铝。

由于金属铝很容易失去电子，与氧结合得非常牢固，不易被还原，因此铝的发现和进行工业生产较晚，被称为"年轻的金属"。

德国化学家、医生施塔尔最早注意到明矾里含有一种与已经发现的金属元素性质不同的金属元素，可惜他并没有进行深入研究，

只是把他的认识束之高阁。1754年，德国化学家马拉格夫曾设法想把此问题弄清楚。他把纯碱加到明矾的溶液里，得到了白色沉淀，他称为"矾土"，他再把硫酸加到矾土中，又得到了明矾。马格拉夫已经用实验对明矾

长 石

进行了初步分解，如果再努力一番，有可能发现铝元素，但他没有继续深入实验，因此没有抓住这个极好的机会。

1825年，丹麦科学家奥斯特在研究电流的化学作用时，设法把铝土里所含的金属分离出来，结果得到了一种形状类似于锡的金属。实验证明，他得到的金属里确实含有铝，但不是纯净的铝；加上他的实验结果发表在当时一份不著名的刊物上，因此没有引起化学界的注意。

1827年，德国化学家维勒在奥斯特研究的基础上，采用了一种新的方法，制得了铝。他将过量的热碳酸钾（K_2CO_3）溶液加到沸腾的明矾溶液里，得到一种沉淀$Al(OH)_3$。然后，将沉淀洗涤、干燥，再将其与木炭粉、糖和油等混合，并放入密闭的坩埚里加热，使所得的沉淀分解，并与糖和油析出的炭形成致密的混合物。在强热条件下，再向坩埚里通入干燥的氯气，最后加入金属钾，加热，便得到了一种灰色粉末状的金属。虽然得到的金属数量很少，而且还混有钾、氧化铝等杂质，但维勒却第一次指出了这种金属的化学性质，因此科学界一致认为维勒是铝的发现者。

1854年，法国化学家得维尔进行了用金属钠还原氯化铝的实验，因为金属钠比金属铝更活泼，更易失去电子，因此得到了有金属光泽的铝球。这使他很受鼓舞和启发，从此便开始研究铝的工业生产。

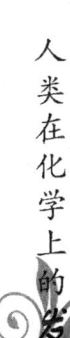

当时生产出来的铝，价格比黄金还要贵，成了非常贵重和稀罕的东西，根本不能用来制作工业用品和生活用品，只能用来做首饰。正因为如此，法国统帅拿破仑三世用铝做了顶头盔，成了轰动一时的新闻，被作为极其富有的象征，也成了拿破仑三世的一个"骄傲"。1889年，发现元素周期律的俄国化学家门捷列夫曾接受过英国皇家学会的最高奖赏，这种奖赏也只是一架用金属铝和金制成的天平。由此可见，当时的铝是多么珍贵！

铝的价格如此之高，是因为金属钠本身很贵，因此用它来制造铝，成本必然很高。虽然得维尔也曾设法改进用电解法生产钠的工艺，使钠的成本有所降低，但终究还是难以实现铝的大规模生产，仍然使丰富的铝埋藏在众多的矿石之中，不能为人类所利用。

1886年，美国奥柏林学院化学系的青年学生霍尔在做电化学实验时，偶然发现使冰晶石（3NaF·AlF$_3$ 或 Na$_3$AlF$_6$）与氯化铝混合，用电解方法炼铝，可以大大降低炼铝的成本。他将氯化铝与冰晶石混合并使之熔化，然后通以电流电解，结果在阴极上得到纯净的金属铝。几乎同时，法国青年大学生埃罗也成功地用电解法制得了铝。

冰晶石

由于成本大大降低，价格也就大大降低了，铝的产量迅速提高。从霍尔发明用电解法冶炼铝到现在，在一个多世纪的时间里，铝的产量早已超过了有几千年生产历史的铜，在各种有色金属的冶炼生产中居于首位。

当然，现在的炼铝方法又在霍尔发明的基础上有了许多改进，采用的是从矿石里提取出氧化铝进行电解。

原料：氧化铝（Al$_2$O$_3$），用冰晶石做熔剂降低熔点（由

2 050 ℃降至 940 ℃左右)。

装置：钢制电解槽内衬耐火砖和炭块，以电解时在槽底的液态铝为阴极，以炭块为阳极。

操作：电解中，定时打破电解质的壳，加入氧化铝，并用真空泵吸出液态铝铸成铝锭。

合成氨和硝酸的制取

1774 年，普里斯特利加热氯化铵和氢氧化钙的混合物，利用排汞取气法，首先收集到氨。1784 年，法国化学家贝托莱分析确定氨是由氮和氢组成。19 世纪，很多化学家们试图让氮气和氢气合成氨，采用催化剂、电弧、高温、高压等手段进行试验，一直未能获得成功，以致有人认为氮和氢合成氨是不可能实现的。

直到 19 世纪，在化学热力学、化学动力学和催化剂等这些新学科的研究领域取得一定进展后，一些化学家对合成氨的化学反应进行了有效的研究而取得了成功。

1904 年，德国化学家哈伯利用陶瓷管内填充铁催化剂进行合成试验，测定出在常压下和高温 1 020 ℃反应达到平衡时，气体混合物中存在 0.012% 体积的氨。1904—1911 年，他先后进行了两万多次试验，根据试验数据，他认为使反应气体在高压下循环，并从这个循环中不断将反应生成的氨分离出来，可使这个工艺过程实现。1910 年 5 月，哈伯终于在实验中取得了可喜的成果。

哈伯把成功的经验运用到工业生产中，取得了与德国巴迪希苯胺和纯碱公司工程师博施、拉普、米塔赫等人的合作。1910 年 7 月，博施制成了工业合成氨必需的高压设备；拉普解决了高温、高压下机械方面的一系列难题；米塔赫研制成功了用于工业合成氨的含少量三氧化二铝和钾碱助催化剂的铁催化剂。1911 年他们在奥堡建立起世界上第一个合成氨的工业装置，设计氨的生产能力为年产

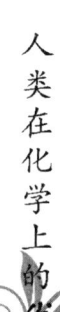

9 000t，于1913年9月9日开工，从此实现了氮的人工固定。随后德国化学家贝吉乌斯将高压法用于多种化工产品的生产，1920年用高压法实现了煤的液化，成功合成人造汽油。由此，哈伯获得了1918年诺贝尔化学奖；博施和贝吉乌斯共同获得了1931年诺贝尔化学奖。

但是，哈伯虽然创造了挽救千百万饥饿生灵的方法，却又设计了一种置人于死地的可怕手段。

1915年4月，第一次世界大战爆发，德国将装有氯气的近6 000个钢瓶约180多吨氯气打开朝向守卫在比利时伊普尔城防线的加拿大盟军和法裔阿尔及利亚军队，造成1.5万人伤亡，其中5 000人死亡，是有史以来第一次把化学武器用于军事进攻中的案例。这个进攻方式是哈伯策划的。他的妻子是一位化学博士，曾恳求他放弃这项工作，遭到丈夫拒绝后用哈伯的手枪自杀。对此，哈伯遭到后人的谴责和唾骂。

合成氨中的氢气来自水，氮气来自空气。向装有煤的煤气发生炉的炉底鼓入空气，使煤燃烧。当炉温达到1 000℃左右时，通入水蒸气，产生一氧化碳和氢气，同时吸收热量；为了维持炉中温度，在实际操作中，是将空气和水蒸气交替鼓入，这样得到的气体叫半水煤气。

半水煤气中氢气和氮气是合成氨所需的，其他气体需要除去。

硫化氢（H_2S）是利用氨水吸收的；一氧化碳在催化剂存在的条件下加热与水反应变换成二氧化碳和氢气，经过变换的气体叫变换气，变换气中的二氧化碳在水中的溶解度显著大于变换气中其他组成部分，所以用水就可除去，也可以用碱液、氨水吸收；少量一氧化碳是通过醋酸铜氨液吸收来除去的。

纯净的氢气和氮气的混合物经压缩进入合成塔，在一定温度和压力下通过催化剂部分合成氨。由于氨气易液化，在常压和-33.4℃即变成液体，从合成塔中出来的氮气、氢气和氨气进入冷却器，氨气被液化，而氮和氢仍是气体。再通过分离器，氨气就与氮气、氢气两种气体分离。未反应的氮气、氢气两种气体利用循环压缩机送入合成塔循环使用。

氨的合成也为制取硝酸开辟了一条新的道路。公元8世纪，阿拉伯炼金术士贾伯的著作里讲述到硝酸的制取：蒸馏1磅绿矾和半磅硝石得到一种酸，能很好地溶解一些金属，如果添加1/4磅氯化铵，效果更好。

绿矾蒸馏后得到硫酸，与硝石作用，得到硝酸，添加氯化铵，就得到盐酸。

从公元8世纪开始，欧洲人利用硝石与绿矾制取硝酸。在硫酸扩大生产后，逐渐利用硝酸钠与硫酸作用制取硝酸。

实际上，早在1830年法国化学品制造商人库尔曼就提出氨在铂的催化下与氧气结合，形成硝酸和水。

1906年，拉脱维亚化学家奥斯特瓦尔德将这一方法工业化，并于1918年引入英国。随后催化剂不断更换，俄罗斯化学家安德列夫在1914年改用铂铱合金，现在使用的多是铂铑合金。高温下，氨先被氧化成一氧化氮，然后是二氧化氮，二氧化氮溶于水形成硝酸。

超强酸的由来

酸有强弱之分。一般认为，常用的强酸有六种，它们分别是盐酸、氢氟酸、硫酸、高氯酸、氢碘酸、硝酸。这些酸的酸性都比较强，绝大多数金属遇到它们都会"粉身碎骨"，但它们对黄金却无可奈何。那么，是否有能溶解黄金的酸呢？有，那就是人们常说的"王水"。

所谓王水，是把浓硝酸和浓盐酸按1∶3的体积比混合所得到的混合酸。这种混合酸具有超过上述六种强酸的能力，能溶解金属之王——金，所以它被称为"王水"。

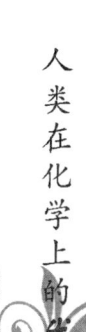

科学的进程

就在人们认为王水的"王位"永远不可能动摇、强酸的发展已达到了顶峰之际，在美国的加利福尼亚大学的实验室里，却传出了一个十分令人震惊的消息：他们发现了一种超强酸，其酸性比王水强几百倍，甚至上亿倍。

超强酸的发现，最重要的原因之一在于研究人员的细心观察。多年前的一个圣诞节的前夕，在加利福尼亚大学的实验室里，奥莱教授和他的学生正在紧张地做实验。一个学生非常不安分，他好奇地把一段蜡烛伸进一种无机溶液里，刹那间，奇迹出现了，一向被认为性质非常稳定的蜡烛竟然被这种无机溶液吞蚀了。我们知道，蜡烛的主要成分是有机饱和烃，在通常条件下，它是不会跟强酸、强碱以及氧化物发生作用的。但这个学生却在无意中用这种成分为 $SbF_3 \cdot HSO_2F$ 的无机溶液把它溶解了。奥莱教授仔细地、反复地观察了蜡烛在这种溶液里的溶解过程，非常惊愕，连声称奇。他把这种溶液称为"魔酸"，后来人们称其为"超强酸"。

在奥莱教授和他的学生这一发现的启发下，迄今为止，化学家们已经找到了多种液态的、固态的超强酸。也就是说，超强酸不止一种，而是一类物质。例如，常见的液态超强酸有 $HF-SbF_5$，TaF_5-HSO_3F 等。

固态超强酸

从成分上看，超强酸都是由两种或两种以上的化合物组成的，且都含有氟元素，它们的酸性强得几乎不可思议。例如，超强酸 $HF-SbF_5$ 中当 $HF:SbF_5$（物质的量之比）为 1:0.3 时，其酸性强度约为浓硫酸强度的 1 亿倍；当其物质量之比 $HF:SbF_5$ 为 1:1 时，其酸性强度估计可达浓硫酸强度的 1×10^{17} 倍。它们真不愧为强酸世界的超级明星。

超强酸不但能溶解蜡烛，而且还能使烷烃、烯烃发生一系列化

124

学变化，这是普通酸所办不到的。例如，正丁烷在超强酸的作用下可以发生 C—H 键断裂产生氢气，发生 C—C 键断裂产生甲酸，还可以发生异构化反应给直链烷烃正丁烷"整容"，使其变成异丁烷。

正是由于超强酸的酸性和腐蚀性强得如此出奇，才使过去一些很难实现或根本无法实现的化学反应得以在超强酸的环境里顺利进行。现在，超强酸已广泛地应用于化学工业，它们既可以用做无机化合物和有机化合物的质子化试剂，又可以用做活性极高的酸性催化剂，还可以用做烷烃的异构化催化剂等。

法拉第与法拉第钝化实验

铁在稀硝酸中能很快发生反应溶解，而在浓硝酸中却不但不发生什么反应，甚至能作为容器和管道，盛放和输送浓硝酸。这种现象人们把它叫做钝化（或铁的钝态）。那么，铁为什么会呈钝态呢？又是谁最先仔细地研究了这种钝化现象的呢？

最先仔细研究钝化现象的是法国化学家迈克尔·法拉第。1820年前后，法拉第开始了对钢铁腐蚀和防护问题的研究工作。当他把一个较纯的铁块放在浓硝酸（70%）里面时，注意到铁与浓硝酸并不反应；而把这块铁放入稀硝酸中，则很容易发生激烈反应。法拉第想，稀硝酸总是可以用浓硝酸稀释得到的，浓硝酸稀释到怎样的浓度就反应了呢？他做了如下实验：先把一小块纯铁浸入盛有 70% 的浓硝酸的小烧杯中（室温条件），铁与浓硝酸不发生反应；再用滴管缓慢地向这烧杯中加入蒸馏水（浓硝酸溶解时不会释放出大量热量，可以这样做。用浓硫酸就不行），一直加到溶液体积是原来酸液的 2 倍，浓度约 35%，铁与稀释后的硝酸还是没发生什么反应。

法拉第检查了一下实验记录，记录上分明记着上次用铁与浓度为 35% 的硝酸实验时是很快发生反应的。为什么硝酸浓度从 70% 慢慢降为 35% 就不反应了呢？这是怎么回事？他看着这小小的烧杯，

化学家迈克尔·法拉第

纳闷了。

他拿起玻璃棒，想翻动一下铁块，看看它是否出了什么毛病。当他刚用玻璃棒的尖端触到铁块时，烧杯里发生了异常现象——那铁块像从睡梦中突然惊醒了似的，急速地反应起来，与他记录的用铁与稀硝酸反应的现象，没有多大差别。就这样，这种奇异的钝态和酸液变稀后经触动又会解除钝态的现象被法拉第发现了。人们称这个实验为法拉第钝化实验。

钝化现象自发现至今当然已很多年了，但对钝化现象的解释却至今还不完全。今天人们对此有几种说法：一是氧化膜理论，即强氧化性酸将铁（或铝）氧化生成一层虽薄却很致密的氧化膜，阻止了铁块内部继续与酸反应，这膜一经尖物刺破，便与稀硝酸反应了；另一种则是吸附理论，认为铁等金属可吸附氧气，形成单分子氧气层，从而才形成钝态。钝化现象究竟是怎么一回事还有待进一步探索。

硝化棉火药的制取

瑞士化学家申拜恩设计并进行了许多有强酸参加的实验：他先是把浓硫酸和浓硝酸铵按比例混合在一起，然后再用这两种强酸的混合液逐一地与碘、硫、磷、蔗糖、纸、棉花反应，力图从这些独出心裁的实验里找到"强酸里含有一种新元素"的证据。

他把糖与两种强酸混合液作用时，白糖变成了黑炭。这只能说明浓硫酸有强烈脱水性，却不能证明强酸里有什么新元素。

申拜恩又把普通纸与混合液作用，也没能证明自己的论点，普

通纸也变黑了——差不多是上一实验的重复。接着，他又把普通纸放入混合酸中，而且在不同时间里捞出、水洗，也没能证明自己的论点，却发明了使普通纸变成一种新纸——羊皮纸的方法。

他把棉花放到混合酸里，适时捞出晾干后棉花好像还是原来的模样，可是用火柴一点——只见它火光一闪就烧了个干干净净。

他又用锤子砸这些棉花，发现它非常剧烈地爆炸，远远超过了来自中国的古老的火药。这样一种易于制造而且无烟的爆炸物理所当然地引起了人们的兴趣，大家纷纷进行仿制，整个欧洲出现了制造火药棉热。

英国第一家硝化棉火药厂很快建成开工了，其他国家也纷纷建立起自己的硝化棉厂，并用工厂生产的硝化棉制成了炸弹和地雷。

又经过化学家的研究和改进，硝化棉逐渐扩展到军事方面的应用，从而完全取代了发射时总是黑烟滚滚的火药。

直到今天，硝化棉火药仍然是一种重要的军事炸药。可又有谁想到，它竟是申拜恩固执己见、试图证明自己的论点时，在那些设计奇异的实验中发现的呢。

从硝酸银到摄影术的发明

如果不小心把硝酸银（$AgNO_3$）弄到脸上，第二天你会发现溅到硝酸银溶液的地方出现了点状黑里带棕的色斑，但这色斑不会在脸上久驻，短则四五天，长则半个月就会渐渐褪去的。

这是由硝酸银的性质——感光性造成的。硝酸银溶液暴露在阳光下，强烈的光照会使它分解，由此产生极细的银粒沉积在皮肤的表层。硝酸银溶液是无色的，慢慢沉积下来的微细银粒是黑色的，因为它没有再去深入刺激人的神经，所以人就觉察不到疼痛。正是硝酸银具有这一性质，它才必须保存在棕色或黑色的瓶子里；也正因为硝酸银的这种性质，才导致了近代摄影术的发明。

原来，硝酸银放置后变黑的这种现象早被一些细心的科学家发现了。只不过当时人们都认为这是热和空气对它产生的作用，谁也没想到是光照的因素所致。

1727年，德国人舒尔策把硝酸银和白垩粉（性质稳定的碳酸钙）混合制成了白色乳液，盛在瓶子里放到窗台上用阳光照射。他发现，尽管瓶子里的乳液都被晒热了，可只有向阳的一面变色，背光的一面却不变，由此他认识到使硝酸银变色的是光而不是热。

1800年，英国人韦奇伍德又把树叶压在涂有硝酸银溶液的皮革上放在阳光下照晒，他发现树叶四周的皮革慢慢变黑了，可树叶的颜色却一点没变！这样就在皮革上留下了黑底白叶的"阳光图片"。他很想把这图片保留下来，但没有办到——在拿掉树叶之后，那白色的叶影也逐渐变成黑色，与周围一般无二了。

这以后，曾有许多人对硝酸银以及其他银盐进行了光敏性研究，其中特别应提到的是瑞典大化学家舍勒，他发现了氯气、氧气及许多种元素和物质，还发现了卤化银比硝酸银更容易在光照下分解变黑的性质，这就为摄影术的诞生提供了物质基础。

1883年，德国的风景画家达盖尔巧妙地把卤化银见光分解的性质与他所熟知的绘画暗箱结合起来，从而把传统的、利用小孔成像原理加手工摹画的"绘画镜箱"改制成了世界最早的用银盐作感光材料的"达盖尔照相机"，开创了近代摄影术的先河。

今天，彩色摄影和扩印技术都早已大众化了。在彩色摄影中，银盐仍起着重要作用，如何用别的化学物质代替这种价格昂贵的银盐已成为要将摄影术推向更加前进的光化学专家们的攻关课题。

酸雨的来龙去脉

"酸雨"一词首先由英国化学家R·A·斯米兹于1872年在《空气和降雨：化学气候学的开端》一书中提出。尽管那时他已经

提出酸雨的概念，但大家对酸雨的认识却很模糊，也没有引起人们的重视。

20世纪60年代，一股祸水悄悄潜入欧洲斯堪的纳维亚半岛，造成了江河湖泊里的鱼虾大量死亡、庄稼枯萎、鲜花凋零……人们一时不知所措，忧心忡忡。

事情惊动了欧洲大气化学监测网的专家们，他们纷纷赶到现场，踏遍了山山水水，调查研究，分析化验，最后终于发现了病根，原来此处从天降落的雨和雪与别处的不一样，都有强烈的酸性。

正常雨水的pH值约为5.6（主要因为其中溶有二氧化碳），而瑞典等国的雨、雪pH值为3~4。酸性如此之大，鱼虾、庄稼、花草等当然吃不消。

酸雨没有因为人们对它的调查而收敛，反而变本加厉地更加肆虐，波及的范围也越来越大，在欧洲、北美洲频频发生。瑞典有两个湖泊的鱼类遭到劫难；法国的大片茶树莫名其妙地枯死；加拿大仅安大略省就有140个湖泊鱼虾绝迹；美国纽约州的许多湖泊几乎变成了死湖。

严重的酸雨不仅毁坏了森林、湖泊、建筑，还直接影响到人体健康。20世纪70年代初，日本东京一带连续降过几次严重的酸雨，使人们觉得眼睛刺痛、咽喉不舒服、咳嗽，先后有几万人受到伤害。

酸雨不仅会破坏整个地球的生物链，摧毁人类所建成的许多物质文明，还会恶化人类赖以生存的环境。这不是危言耸听，而已成为严酷的事实。

为了追踪酸雨的来龙去脉，以采取有效的对策，美国在20世纪60年代就不惜人力、物力、财力，展开了广泛的调查研究，并且制定了一个"ORO研究酸雨"的计划。1972年，瑞典政府则向联合国人类环境会议提交了《穿越国界大气污染：大气和降水中的硫对环境影响》的报告。经过10多年的跟踪调查、化验分析，终

于揭开了酸雨这个可怕杀手的秘密。

酸雨这一环境污染现象，是由于大量燃烧煤和石油而形成的。煤是当今最主要的燃料，煤中含有硫铁矿和单质硫，当其燃烧时，会生成大量二氧化硫。石油也是十分重要的燃料，其中也含有一定量的硫，所以在汽车等机动车排出的废气中，往往含有少量的二氧化硫、三氧化硫、硫酸和硫化氢。另外，在燃烧过程中，空气中的氮与氧也会发生化学反应，生成氮氧化物。阳光、灰尘以及空气中悬浮的重金属氧化物微粒，能够催化、促进二氧化硫及氮氧化物的氧化反应，生成三氧化硫及二氧化氮。空气中的二氧化硫、三氧化硫、二氧化氮遇到潮湿的空气，就会与水蒸气形成酸性小液滴——酸雾，最终以酸雨或酸雪的形式落到地面上。

那么，为什么20世纪60年代以前没有发现严重的酸雨呢？这是因为那时工业不发达，汽车也不多，排出的二氧化硫、氮氧化物比较少，没有对大自然造成威胁，所以也就没有引起人们的注意。

造成酸雨或酸雪的有害气体，还会飘移，甚至引起国际纠纷。多年前，加拿大科学家发现，位于加拿大和美国的交界处的五大湖地区，水质污染严重，附近一带的树木也大面积死亡。他们认为，这是美国境内工业基地产生的有害气体，飘移到加拿大境内造成的。为此，加拿大政府向美国政府提出了抗议，要求赔偿损失。但美国政府态度强硬，认为酸雨互相飘移，谈不上谁赔偿谁。

酸雨的形成是一种复杂的大气化学和大气物理现象，要准确、及时地报告酸雨的形成和分布情况是一项庞大的系统工程。为了加强对酸雨的监测，全世界建起了数以百计的监测站，以不断地测定降水的化学组成。我国环境保护部门也建立了由众多观测点组成的酸雨监测网。

根治酸雨的主要途径是将煤炭燃烧物进行化学法脱硫，并使二氧化硫变废为宝、化害为利。为减少汽车排出的氮氧化物，许多国家在汽车排气管上安装净化器，将产生的氮氧化物变为无害的氮气再排放；或干脆不以汽油为燃料，而改用天然气、氢气等。瑞典还试验在已经酸化了的土壤和水中施加石灰，在短期内也曾取得较好的效果。加拿大一家公司，用混凝土中和被污染的湖泊中多余的酸获得成功。

揭秘人工降雨的奥秘

降雨看起来是非人力所能左右的。然而，随着科学技术的不断发展，这种观点已成为过去，如今人类也可以"布云行雨"了，这就是人工降雨。首次实现人工降雨的科学家，就是杰出的美国物理、化学家欧文·朗缪尔。

欧文·朗缪尔十分理解干旱季节时农民盼雨的心情，他经过深入地研究，终于搞清了降雨的奥秘。

原来，地面上的水蒸气上升遇冷凝聚成团便是"云"。云中的微小冰点直径只有 0.01mm 左右，能长时间地悬浮在空中，当它们遇到某些杂质粒子（称冰核）便可形成小冰晶，而一旦出现冰晶，水汽就会在冰晶表面迅速凝结，使小冰晶长成雪花，许多雪花粘在一起成为雪片，当雪片大到足够重时就从高空滚落下来，这就是降雪。若雪片在下落过程中碰到云滴，云滴凝结在雪片上，便形成不透明的冰球称为雹。如果雪片下落到温度高于 0℃ 的暖区就融化为水滴，这就是雨。

但是，有云未必就下雨。这是因为云中冰核并不充沛，冰晶的数目太少了。

当时，流行着一种观点：雨点是以尘埃的微粒为"冰晶"，若要下雨，空气中除有水蒸气外还必须有尘埃微粒。这种流行观点严重地束缚着人们对人工降雨的实验与研究。因为要在阴云密布的天气里扬起满天灰尘谈何容易。

朗缪尔是个治学严谨、注重实践的科学家。他当时是纽约州斯克内克塔迪通用电气公司研究实验室的副主任。在他的实验室里保

存有人造云，这就是充满在电冰箱里的水蒸气。朗缪尔想方设法地使冰箱中的水蒸气与下雨前大气中的水蒸气情况相同，他还不停地调整温度，加进各种尘埃进行实验。

1946年7月中的一天，骄阳当空，酷热难耐。朗缪尔正紧张地进行实验，忽然电冰箱不知因何处设备故障而停止制冷，冰箱内温度降不下去。他决定采用干冰降温。固态二氧化碳汽化热很大，在-60℃时为365.09 J/g，常压下能急剧转化为气体，吸收环境热量而制冷，可使周围温度降到-7℃、8℃左右。当他刚把一些干冰放进冰箱的冰室中，一幅奇妙无比的景象出现了：小冰粒在冰室内飞舞盘旋，霏霏雪花从上落下，整个冰室内寒气逼人，人工云变成了冰和雪。

朗缪尔分析这一现象，认识到尘埃对降雨并非绝对必要，干冰具有独特的凝聚水蒸气的作用。温度降低也是使水蒸气变为雨的重要因素之一，他不断调整加入干冰的量和改变温度，发现只要温度降到-40℃以下，人工降雨就有成功的可能。朗缪尔发明的干冰布云法是人工降雨研究中的一个突破性的发现，它摆脱了旧观念的束缚。

朗缪尔决心将干冰布云法实施于人工降雨的实践。1947年的一天，在朗缪尔的指挥下，一架飞机腾空而起飞行在云海上空。试验人员将207kg干冰撒入云海，就像农民将种子播下麦田。30min以后，狂风骤起，倾盆大雨洒向大地。第一次人工降雨试验获得成功。

朗缪尔开创了人工降雨的新时代。根据过冷云层冰晶成核作用的理论，科学家们又发现可以用碘化银（AgI）等作为"种子"，进行人工降雨。而且从效果看，碘化银比干冰更好。碘化银可以在地上撒播，利用气流上升的作用，飘浮到空中的云层里，比干冰降雨更简便易行。

有机化学的发现之路

叶绿素的发现

人们在长期的生产实践中早就知道农作物一定要有阳光、空气、水分才能生长，但是科学上对绿色植物的生长作用的了解是在18世纪以后才开始的。经过几代植物学家和化学家们的辛勤研究，才逐步认识到这种作用的本质是植物利用太阳能，将水分和空气中的二氧化碳转化成碳水化合物，并释放出氧气。这个过程就是光合作用。

叶绿素存在于植物的叶子里，正是由于它的存在而使叶子呈现绿色，它在光合作用中起着重要的催化作用。

1818年，法国药剂师、化学家彼里蒂埃和卡万图从绿叶中发现它里面还有叶黄质，并分别命名它们为叶绿素和叶黄质。

但是当时他们只是把它们作为化学物质分离出来进行研究，而没有确定它们是什么化学物质。大约过了80年，一位专门研究自然产物的英国化学教授辛克揭开谜底，他认为叶绿素是一种混合物，不是纯净的化合物。

1906—1913年，德国化学家威尔斯塔特和他的助手斯托尔研究了叶绿素，明确指出叶绿素不是单一均匀的物质，而是由4部分组成，其中两部分是蓝-绿叶绿素a（$C_{55}H_{72}O_5$，N_4Mg）和黄-绿叶绿

素 b（$C_{55}H_{70}O_6N_4Mg$），另两部分是黄的胡萝卜素（$C_{40}H_{56}$）和叶黄质（$C_{40}H_{56}O_2$）。他发现蓝-绿叶绿素 a 和黄-绿叶绿素 b 以 3∶1 的比例存在，叶黄质和胡萝卜素以 2∶1 的比例存在。为了分离这些复杂的物质，他利用了俄罗斯植物学家茨维特创造的色层分离法，确定叶绿素分子中含有镁原子。

胡萝卜素又称叶红素，1832 年德国药学教授不肯路德因从胡萝卜中发现了它而得名，1907 年威尔斯塔特分析确定了它的化学式。胡萝卜素是红色的，由于它溶解在脂肪中时因溶解量不同而呈现出橙色或黄色。胡萝卜和甘薯呈现橙色或黄色，正是由于它们含有胡萝卜素；黄油和蛋黄由于含胡萝卜素而呈现黄色；含有胡萝卜素的动物脂肪，如鸡的脂肪是黄色的；不含胡萝卜素的脂肪，如猪油是白色的。

胡萝卜素在人的肝脏或大肠内受酶的作用转变成维生素 A，因此它是维生素 A 原。

胡萝卜素也溶解在人的皮下脂肪层中，肤色黄的人正是由于他们皮肤底下有足够的胡萝卜素。

在自然界中，还有一些颜色是由类似胡萝卜素的化合物引起的，例如，番茄的红颜色和煮熟了的虾壳的红颜色，都是类似胡萝卜素的化合物引起的。番茄中的这种化合物叫番茄红素，它是胡萝卜素的一种同分异构物，它们含有相同数目的碳原子和氢原子，只是分子结构不同。番茄红素是继胡萝卜素后从番茄中发现而得名。

揭开光合作用的奥秘

一棵植物就是一座绿色的化工厂。在这座绿色化工厂里，进行着一种重要的化学作用，这就是植物的光合作用。光合作用是决定人类生存的重要的化学反应。

为什么说植物的光合作用是决定人类生存的化学反应呢？其主

要原因是：

（1）绿色工厂是大自然的优秀调节师，它能吸收空气中的二氧化碳，而排出氧气；人和动物则恰好相反，则是吸进氧气呼出二氧化碳。两者恰好珠联璧合、相得益彰，从而保证了空气中主要成分组成基本恒定，其中氮占 78.09%（体积比，下同），氧占 20.95%，氩占 0.93%……否则的话，地球就会变得像土星一样，二氧化碳到处都是，成为死一般寂静的世界。

（2）绿色工厂是人类食物的供应者。现在全世界已有几十亿人口，这么多人要吃饭，穿衣，粮食、蔬菜、肉、禽、蛋等从哪里来呢？显然，主要靠植物的光合作用来生产，没有植物的光合作用，人类就会没有饭吃、没有衣穿。

（3）绿色工厂是人类的能源宝库。过去，植物的光合作用给人类提供了大量的煤炭、石油、天然气、木材等，至今人类仍在应用；今后，还要依靠绿色植物提供大量的生物质能。据估计，每年全世界植物的光合作用能够固定大约 2×10^{11} t 碳，含有大约 3×10^{21} J 能量，这一能量大约是世界每年能耗总量的 10 倍。绿色植物大规模地获取太阳能并使之储存起来，使生活在地球上的人类受益匪浅。

植物的光合作用如此重要，那么，它究竟是怎样进行的呢？为模拟植物的光合作用并揭开这个谜底，无数科学家奋斗了数百年。

古时候，人们对"植物究竟是如何长大的"这一问题毫无所知，还认为植物生长离不开土壤，认为植物是靠吃土长大的。

1782 年，瑞士的科学家雷内比做了如下实验：把一只老鼠放到木材燃烧后的空气里，老鼠很快就死掉了，但是如果在这种空气里放上几棵活着的小花树，气体就会保持新鲜，小老鼠就可以活下去。这是为什么呢？他百思不得其解。

雷内比没有结论的实验引起了瑞士另一位科学家沙斯修尔的极大兴趣。沙斯修尔是一位善于抽象思维的人，他想，如果雷内比实验无误的话，很可能是植物具有吸收二氧化碳、呼出氧气的本领；

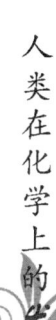

否则，老鼠不会愉快地活着。为了证实自己的推理，1804年他又做了这样的实验：在一个大玻璃瓶中充有一定比例的氧气和二氧化碳，然后把一棵盛开的小花树放在瓶中并加以密封。10天后，沙斯修尔重新对瓶中的气体进行测量分析，惊奇地发现二氧化碳几乎全没了，而氧气却大大增加了。他又进一步对小花树进行了分析，发现其中碳占45%、氧占42%、氮占6.5%。实验事实充分证明他的推理完全正确，植物确实具有吸收二氧化碳、呼出氧气的本领。

沙斯修尔的重要发现轰动了科学界，从此人们才开始知道植物会吸收二氧化碳而呼出氧气。人类不仅吃饭需要植物，而且呼吸也需要植物，可是，植物又是怎样生产粮食的呢？这个更有意义的神秘课题，吸引了更多的科学家去研究、去实验。

最先取得研究成果的是德国科学家沙克斯。他用实验证明，植物能把吸收的水和二氧化碳变成淀粉，这主要归功于叶子。他曾把不同时间摘下的叶子放在酒精中煮，当绿色叶片变白时，在上面分别滴上几滴碘液。他发现，其中傍晚采摘的叶子变蓝最深，而下半夜采摘的叶子变蓝最浅。淀粉与碘相遇会变蓝，上述实验说明叶子中含有淀粉，而且傍晚采摘的叶子里含的淀粉最多，到了下半夜淀粉被输送到植物其他部位，所以那时叶子里含的淀粉最少。

在沙克斯实验研究的基础上，许多科学家经过进一步研究认识到，植物叶子中的叶绿素神通广大，它能利用太阳的能量，把根部吸收的水分与叶子从空气中吸收的二氧化碳制成淀粉，同时放出氧气。

科学家们没有满足于已取得的研究成果，而把目光转向深入研究光合作用的原理。

在探索光合作用原理的征途中，美国加州大学化学系的开尔文做出了重大贡献。在开尔文研究之前，英国植物生理学家希尔发现，分离的叶绿素在光照之后能把3价的铁离子还原并释放出氧。这一发现使人们自然地推断出这样一幅光合作用的原理图：光合反应接收光能，从水中释放出氧，同时产生化学能；暗反应消耗化学能，把二氧化碳还原成为碳水化合物。但是，这一推断对于光合作用中的许多具体过程并未进行解释，例如，植物吸收二氧化碳之后的产物究竟是什么等许多问题依然存在，因此，对于光合作用还需要进行深入的实验和探讨。

众所周知，要知道二氧化碳是怎样参与反应的以及反应的产物是什么，就必须首先知道参与反应的同化过程，但同化过程在植物体内是看不见也摸不着的，这使得对它的深入研究遇到了很大的难题。

然而，年轻的开尔文知难而进。他博采众长，善于创新。当开尔文得知物理学家刚刚发现了一种新的同位素 ^{14}C 时，马上联想到使其为己所用，用 ^{14}C 跟踪光合作用的过程。实践证明，他的构想非常成功，他将物理上研究的最新成果移植到植物生理学的研究中，为揭开光合作用的奥秘开辟了一条新路。

用 ^{14}C 跟踪碳的同化转换过程较为顺利，但对碳的同化产物是什么却无能为力，其中关键的问题是如何将同化产物分离出来。开尔文曾用过多种方法进行分离，结果都是徒劳的。

正当实验难以继续下去时，善于捕捉信息、借鉴新技术的开尔文，从一篇新文章中了解到用纸上层析法可以分离氨基酸，这真是"踏破铁鞋无觅处，得来全不费功夫"。他立即将纸上层析法用于分离自己所制得的物质，经过反复实验，最后断定植物吸收二氧化碳后，最初的同化产物是二磷酸核酮糖。

1957年，开尔文终于用最先进的物理方法——放射性同位素法和先进的化学分析法——纸上层析法，第一次描绘出光合作用中碳循环的原理，使人类在了解植物光合作用方面又大大前进了一步。1961年，他因此荣获了诺贝尔化学奖。

人工合成尿素

尿素是人们摄取的蛋白质在体内新陈代谢的产物，其随尿排出的量依摄取食物蛋白质的量而变化，当摄取普通混合膳食时，一日

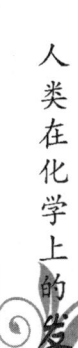

排出量约为 20~25g。它是一种白色结晶体，化学式为 CO（NH$_2$）$_2$。

早在 1737 年和 1785 年，德国医生博哈夫和法国实验演示员鲁埃分别通过蒸发尿获得尿素。

1811 年，英国化学家戴维将一氧化碳和氯气的混合物暴露在日光中，获得羰基氯化物 COCl$_2$，并称它为光气。他还将光气与氨作用，合成尿素，但是他和他的前人一样，没有认清它是什么物质。

1820 年，英国化学家普鲁特分析了尿素的组成，得出下列数据：氮 46.65%、碳 19.97%、氢 6.67%、氧 26.65%，这就得出尿素的分子式 CO（NH$_2$）$_2$。

1822 年，德国人韦勒制得氰酸银、氰酸铅等氰酸盐。1826 年，他将氰酸银用氯化铵溶液处理，得到一种白色结晶状物质，实验表明这种白色晶体物质毫无氰酸盐性质。他还将氰酸铅用氢氧化铵溶液处理，也得到这一白色晶体。最初，他认为这种白色晶体物质是一种生物碱，但是检验结果是否定的；后来他考虑到是尿素，把它和从尿中提取的尿素进行比较，证实是同一物质。他便分析了它的化学组成，得到的结果是：氮 46.78%、碳 20.19%、氢 6.59%、氧 26.24%。

这和普鲁特分析尿素的结果是一致的。

氰与氨在水下发生反应，生成氰铵和氰酸铵，后者在加热后分子重排变成尿素。

尿素的合成给"生命力论"一拳重击。"生命力论"是韦勒的老师兼朋友贝采利乌斯提出来的。19 世纪初期，贝采利乌斯根据一些无机盐在电解中金属成分总是移向阴极获得电子形成金属，非金属成分总是移向阳极丢失电子形成非金属的实验结果提出所有化合物的形成是由于相反电荷的吸引。在氯化钠中，钠是带正电的，氯是带负电的，相反电荷的吸引说明了这种盐的稳定性。而硫酸钠的情况比较复杂，强正电性的钠与负电性的氧结合，形成氧化钠，同样正电性的硫与氧结合，形成氧化硫。由于氧化钠中钠的强正电性，使氧化钠仍具有一些正电性，同样氧化硫中氧的负电性强，使氧化硫仍具有一些负电性，因此氧化钠和氧化硫能进一步结合，形成硫酸钠。这在当时又被称为分子组成的二元论。

分子组成二元论应用于无机化合物是成功的，但应用于有机化合物却遭到碰壁。因为绝大部分有机化合物是非电解质，是不能被电解成两部分的，于是贝采利乌斯就提出"生命力论"。由于有机化合物来自动物和植物，它仍是有生命力的。这就是说，有机化合物是由生命力制成的。

而韦勒人工合成尿素表明有机化合物并不都是由生命力制成的。韦勒在1828年2月给贝采利乌斯的信中写道："我要告诉阁下，我不用人或狗的肾脏制成尿素。氰酸铵是尿素。"1830年，法国化学家杜马写道："化学家们为韦勒人工制成尿素这一卓越的发现欢呼。"德国化学家李比希在1837年写道："我们感激韦勒不借助生命力的作用，令人惊奇且在一定程度上难以解释地制成尿素。这一发现必将打开科学中的一个新领域。"

尿素的人工合成也打开了无机化合物与有机化合物之间不可逾越的障碍。

凯库勒梦见苯结构

19世纪，在西欧工业比较发达的国家，炼铁技术得到飞速发展，他们把煤经过干馏制成焦炭用于炼铁，但对在炼铁过程中同时产生的煤焦油和煤气等乌黑、气味难闻而又容易着火的东西不知如何妥善利用。但在当时，化学家们却对它们很感兴趣。

化学家把这些煤焦油和煤气拿来，经过仔细地分离、提炼后，得到了无数种有机化合物。原来，在有机化合物中它们是非常特殊的大家族，有机化学家们把它们称为芳香族化合物。

起初，人们从香树脂、香料油等天然物质中得到一些有特殊香味的纯物质，现在又从煤焦油等物质中，得到了组成、化学特性与

前者相类似的东西，尽管其气味并不芳香，但品种却更多，在科学研究上的意义更大，作为有机化合物的一族，也更具有代表性，只是它的含义已不再是表面上有香味而已。

芳香族的有机物中，最主要的化合物便是苯。最早发现苯的人是英国化学家和物理学家法拉第，他是偶然从储运煤气的桶里所凝集的油状物中，经过分离后得到了一种无色的液体。他用当时原子量 H=1、C=6 的标准测出它的实验式是 C_2H，并测出它的蒸汽比重是氢气的 39 倍，但他并没有推算出它的分子式。如按照现在原子量标准 H=1、C=12，苯的分子式则应该是 CH，根据蒸汽比重就能算出它的分子量是 78，便很容易知道苯的真正分子式是 C_6H_6。在约 9 年之后的 1834 年，又有人把安息香酸和石灰放到一起干馏之后，也得到一种碳氢化合物，才给这个化合物取名叫"苯"，接着又有人测定出它的分子式是 C_6H_6。

19 世纪中叶，德国有机化学家凯库勒，在研究芳香族有机化合物方面，作出了卓越贡献。他发现所有芳香性（族）有机化合物有一个共同的特点：就是它们进行了非彻底破坏（不燃烧）的激烈反应后，经常失去了一部分碳，但主要产物总是至少含 6 个碳原子。这种包含 6 个碳原子的化合物，就是以苯为主体的化合物。于是 1865 年凯库勒提出了以苯为基团的芳香族化合物的设想，并曾用多种图式来表示苯的分子结构，最后确定为正六边形图式，也就是我们现在学化学时常用的苯的结构式。

对于凯库勒发现苯结构，有这样一个传说：1864 年冬的一天晚上，凯库勒坐马车回家，在车上昏昏欲睡。半梦半醒之间，他看到碳链似乎活了起来，变成了一条蛇，在他眼前不断翻腾，并且那条蛇突然咬住了自己的尾巴，形成了一个环……凯库勒猛然惊醒，受到梦的启发，明白了苯分子原来是一个六角形环状结构。

凯库勒是在 1865 年发表有关苯环结构的论文的。1890 年，在柏林市政大厅举行的庆祝凯库勒发现苯环结构 25 周年的大会上，凯库勒首次提到了这个梦。和后来的流行版本略有区别的是，他说他是在火炉前撰写教科书时做的梦。这个故事很快传遍了全世界，不仅一般人觉得有趣，心理学家更是对它感兴趣。一百多年来，众多心理学家在提出有关梦或创造性的理论时，都喜欢以此为例。

对于苯结构的梦见性，很多学者持怀疑的态度。美国南伊利诺大学化学教授约翰·沃提兹在20世纪80年代对凯库勒留下的资料做了系统的研究，发现有众多间接证据能够证明凯库勒别有用心地捏造了这个故事。

其实，关键的证据有一条就够了。凯库勒说他是受梦的启发发现了苯环结构的，如果能够证明在凯库勒之前已经有人提出了苯环结构，而且凯库勒还知情，那么就可以认为凯库勒没有说真话。事实的确如此，沃提兹发现早在1854年法国化学家奥古斯特·劳伦在《化学方法》一书中已把苯的分子结构画成六角形环状结构。沃提兹还在凯库勒的档案中找到了他在1854年7月4日写给德国出版商的一封信，在信中他提出由他把劳伦的这本书从法文翻译成德文，这就表明凯库勒读过而且熟悉劳伦的这本书。但是凯库勒在论文中没有提及劳伦对苯环结构的研究，只提到劳伦的其他工作。

在凯库勒之前，还有人提出苯是环状结构，其中值得一提的是奥地利化学家约瑟夫·洛希米特，他在1861年出版的《化学研究》一书中画出了121个苯及其芳香化合物的环状化学结构。凯库勒也看过这本书，在1862年1月给其学生的信中提到洛希米特关于分子结构的描述令人困惑。所以，即便凯库勒在1865年时已忘了劳伦提出的苯环结构，也还可以从洛希米特的著作那里得到启发，而不必再靠做梦。

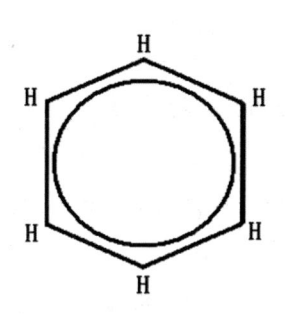

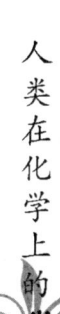

苯环的分子结构

珀金发现苯胺紫

珀金是英国一位建筑师的儿子，1838年3月12日出生在伦敦。他的父亲想让儿子继承自己的事业，但他却一心一意要学化学。最后，珀金在化学上获得成功，18岁就发现了苯胺紫染料，成为当时化学界冉冉升起的一颗新星。

1906年，美国化学界举行了一个新颖的欢迎会，欢迎珀金这颗化学新星的到来。与会者人人都必须佩戴一条紫色的领带，以表示对苯胺紫发明者的崇高敬意！

1853年，年仅15岁的珀金就到了英国皇家专科学校学习。当时专科学校最有名的化学教师是霍夫曼，珀金在霍夫曼的教导下进步很快，两年后，就成了霍夫曼的助教。

1856年，珀金在霍夫曼的指导下，人工制成金鸡纳霜（又名奎宁，是一种治疗疟疾的特效药）。他认真进行每一次实验，用各种原料从事金鸡纳霜的合成，但多次实验都失败了，没有制得金鸡纳霜。

有一天，珀金在实验中得到了一种黑色黏稠状物质，经分析这种物质根本不是金鸡纳霜。这种黏稠状的物质附着能力很强，牢牢地黏结在试管壁上，用试管刷子都难以清洗掉。为了洗刷试管，珀金便向其中倒入了些有机溶剂酒精，试图将其溶解掉。结果还真灵验，粘在试管壁上的黑色物质不仅被溶解了，而且还形成了美丽的紫色酒精溶液。

珀金不仅没有粗心大意地将这种意外得到的紫色溶液倒掉，而且敏锐地意识到这种黑色的黏稠状物质，很可能含有一种可以作为紫色染料的新物质。于是，他抓住这个千载难逢的好机会，立即展开对这种黑色物质的研究。通过反复提纯、化验分析，终于发现了一种新的紫色染料——苯胺紫。

为了验证这种新染料的染色能力，珀金将苯胺紫亲自送到染房进行染色实验。实验结果充分证明苯胺紫是一种上等染料，由它印染的织物不仅色泽鲜艳，而且耐洗不退色。

在珀金发现苯胺紫染料以前，人们普遍认为煤焦油是一种废物，又脏又臭，污染环境。珀金为了生产苯胺紫染料，千方百计寻找苯，以便以苯为原料实现苯胺紫染料的大批量生产。煤焦油恰是富含苯的物质，因此珀金又加强了对煤焦油开发利用的研究，并从中分离出了苯、萘、蒽等重要有机化合物，从而使煤焦油变废为宝。他还以苯为原料，开发出一条合成苯胺紫的生产流程，并且开办了一家工厂，从事苯胺紫等染料的生产，将科研成果很快地转化成生产力，受到当时化学界的好评。

用苯合成苯胺紫的主要生产流程为：

（1）用苯制取硝基苯；

（2）由硝基苯还原成苯胺。

有了苯胺，再经过重铬酸钾氧化等一系列处理便可制得苯胺紫。

珀金对苯胺紫染料的发现，开创了化学家们研究染料之路。此后，化学家又用苯、萘、蒽等煤焦油产品合成了苯胺蓝、品红、靛蓝以及茜素等多种染料，使人们可以把世界打扮得更加鲜艳夺目。

1906年，世界科学家、企业家在伦敦举行煤焦油工业建立50周年纪念大会。会上，人们都向珀金致以崇高的敬意，感谢他对煤焦油工业，染料工业，对人类文明进步事业作出的重要贡献！

香、臭味化合物的发现

广阔的自然界里花草树木散发出芳香，化学家们在欣赏它们的同时，更想弄清楚它们是由什么化学物质构成的，以便人工制取它们来美化人们的生活；与此同时，也有一些地方散溢着令人不愉快

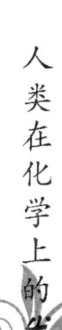

的臭味，化学家们同样不想放过它们，也想要弄清楚它们是什么物质。

香的物质通称为香料，多取自植物，也有来自动物的，还有人工合成的。植物的花、果、叶、茎、干部含有芳香的液体，通称香精油，可以利用压榨、蒸馏、浸取等方法将它们分离出来。

香精油的化学组成成分主要是萜烯和它们的衍生物。萜烯是指具有$(C_5H_8)_{12}$成分的烃类。它们和它们的衍生物广泛存在于植物的精油和树脂中，呈固体或液体状态，易挥发，有香气，难溶于水，能溶于有机溶剂，除用作香料外，也用于医药中。它们的分子结构无定式，有长链的、一环的、二环的等。

从19世纪初开始，化学家们分离出一些香料来分析、确定它们的化学组成。

1820年，德国化学家伏格尔从南美洲出产的零陵香豆中分离出香豆精，它是氧杂萘邻酮（$C_9H_6O_2$），具有很好的香气，是化妆品及香烟用香料，现可人工制得。

1830年，德国化学教授蒂曼从丁香油中分离出丁香酚，确定它的分子组成和结构为$C_6H_3(OH)(OCH_3)$ C_3H_5。丁香酚也存在于桂皮油中，除作香料外，还用作防腐剂和局部麻醉药。

1831年，德国化学家布莱从印度洋中的海岛和南美洲等地出产的香兰豆中发现了香兰精，又称香兰素或香草醛，是对羟基间甲氧基苯甲醛（CH_3O）C_6H_3（OH）CHO。后来，蒂曼在1874年将松柏苷氧化也制得它，这是一种最好的香料。

1871年，德国化学家贾科比森从一种玫瑰油中分离出牻牛儿醇（$C_{10}H_{17}OH$）。牻牛儿草又称太阳花，是一年生草本植物，茎细弱，平卧或稍斜升，夏季开花，蓝紫色，我国北部和中部均有产。牻牛儿醇的一种同分异构体——香橙醇也具有似玫瑰的甜香气味，存在于香橙油、佛手油和其他许多挥发油中，具有比牻牛儿醇更温和的香气。

1887年，法国药剂师鲍卡达和伏里发现了萜品醇

（$C_{10}H_{17}OH$），这又是一个牻牛儿醇的同分异构体，具有紫丁花香气，又称紫丁花精；它存在于多种香精油内，又称香油脑。

1889年，一位在德国学习的美国学生道格从印度出产的香茅草中分离出香茅醛。香茅草又称柠檬草，多年生草本，产于斯里兰卡、印度等地，我国台湾、海南等地区也有栽培。它富有柠檬香气，全草蒸馏可得香茅油，香茅油的主要成分为香茅醛（$C_9H_{17}CHO$）和香茅醇（$C_{10}H_{19}OH$）。

来自树干的香料有檀香、沉香，等等。檀香又名旃檀、白檀，常绿小灌木，原产印度、澳大利亚、非洲等地，我国南方也有栽培。木材极香，可制器具、扇骨等，寺庙中烧的香即是它。从檀香制得檀香油有佳香，含有檀烯酮（$C_9H_{14}O$）。

檀 香

沉香也称伽南香、奇南香、沉水香，因比重较大，入水会下沉并由此而得名。这是一种常绿乔木，产于印度、泰国、越南，我国台湾地区也有栽培，心材是著名的薰香料。1881年，德国化学家莫林从沉香木中发现了沉香醇（$C_{10}H_{17}OH$）。沉香醇从西方名译来，称"里哪醇"，因德国化学家卡瓦里尔也从芫荽（香菜）中发现了它，因而又称"芫荽醇"。

樟脑具有特殊的香气，取自樟树。樟树是常绿乔木或灌木，出产在我国台湾地区及浙江、福建、江

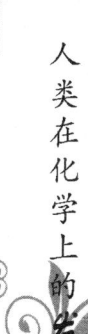

沉 香

西等省。樟脑丸是衣箱中常用的驱虫剂,十滴水、清凉油中也含有它。1798年法国化学家沃克兰和富克鲁瓦发现了樟脑,1840年法国化学家杜马测定了它的化学组成,1893年德国化学家布雷特确定了它的分子结构是一种酮($C_9H_{16}CO$),1883年和1840年法国化学家里班和佩卢兹分别通过氧化松节油和龙脑制得了它。

龙脑又名冰片,兼有樟脑和薄荷的气味,它存在于印度尼西亚高大乔木龙脑树中,我国古代很早就用它作为香料。唐朝冯贽在《烟花记》中记述南北朝时(公元6世纪)宫人的卧履散以龙脑诸香屑,唤做"尘香"。1832年,法国化学家杜马分析、确定它是一种醇($C_{10}H_{17}OH$)。1879年,法国化学家蒙特高费利用金属钠还原樟脑获得它。

桉树脑具有类似樟脑的气味。1853年,德国化学教授伏尔克尔首先发现了它,并认为它是龙脑的一种同分异构物。桉树产在澳大利亚和马来西亚等地,是一种常绿乔木。

除从松树脂获得松节油用作香料外,还有一些香的树脂。

苏合香脂是苏合香树的树脂,将这种树皮放在水中煮沸或压榨,就能得到苏合香。它是灰色浓厚的液体,能溶解在酒精中产生佳香;它本身不但是香料,而且能保留别种香料,使它们不易挥发。我国汉朝《名医别录》中把它列为上品药,欧洲人也很早就知道它。1827年,长期从事研究香精油的法国化学家邦拉斯特从它身上获得苏合香英——苯丙烯酸苯丙烯酯(C_6H_5CH==$CHCOOCH_2CH$==CHC_6H_5),这是最早获得的一种芳香酯。邦拉斯特蒸馏苏合香脂得到一种芳香味液体,后来确定它是苯乙烯(C_6H_5CH==CH_2)。

安息香存在于由印度尼西亚、越南等地产的安息香树所制成的树脂中。把树皮割开,就有浆液流出,干燥后就成安息香,是黄色至褐色半透明的脆块,受热就释放出强烈的香气。它在我国古医药中用作开窍行血药,主治中风昏厥,有使人安逸、安处的作用,因而称为安息香。它被阿拉伯人传到欧洲,被称为"爪哇的乳香",

因此它在我国又称乳香。1775年，瑞典化学家谢勒蒸馏安息香树脂获得一种酸，就称它为苯甲酸。苯甲酸在安息香树脂中含量达20%，也存在于吐鲁树脂和秘鲁树脂中。安息香树脂中除苯甲酸外，还有桂皮酸、香草醛和树脂。

安息香

吐鲁树脂存在于南美洲产的吐鲁浆树中，割开树皮就有树浆流出，露在空气中迅速变成块状物，黄至黄褐色，受热释放出强烈香气。秘鲁树脂存在于南美洲秘鲁产的浆树中，割开树皮就有浆液流出，为褐色浓厚液体，有香气。

一些药用和菜用香料也相继被发现。1832年，法国化学家杜马分析了薄荷醇（$C_{10}H_{19}OH$）；1882年，美国化学家阿特金森又从薄荷油中发现薄荷酮（$C_{10}H_{18}O$）；1843年，德国化学家施维泽发现芋酮（$C_{10}H_{16}O$）具有与薄荷醇相似的气味，存在于艾菊、苦艾、茵陈等植物中，也存在于崖柏中，因而又称崖柏酮；1853年，伏尔克尔发现了香芹酮（$C_{10}H_{14}O$），它存在于蒿、莳萝（土茴香）等植物中；1843年杜马从肉桂中发现的肉桂醛（$C_6H_5CH=CHCHO$）是肉桂油的主要成分，我们日常烧肉中往往添加一两块桂皮；1841年，法国化学教授卡乌尔从茴香油中发现茴香醚——苯甲醚（$CH_3OC_6H_5$）和散发具有类似薄荷味的菲草烯（$C_{10}H_{16}$）；1869年，德国化学教授费廷发现胡椒醛（$CH_2O_2=C_6H_3CHO$）。

来自动物的香料有龙涎香，它是抹香鲸肠子里的分泌物干燥后形成的。它从鲸鱼体内排出后漂浮在海面上，被冲上海岸而被取得。在澳大利亚、新西兰和印度洋等处的海岸时有发现，是黄色、灰色乃至黑色的蜡状物，加热软化并逐渐变成液体，具有持久的香

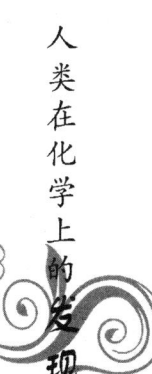

人类在化学上的发现

气。因起初不知它的来历，就起了这个名称。法国化学教授拉兰格于1803年分析研究了龙涎香，指出其中含有树脂、尸蜡和苯甲酸。尸蜡是富克鲁瓦1786年在巴黎一处墓地发现的一种结合氨的蜡状物。

麝香是雄麝的脐与阴茎间的香腺囊中的分泌物。我国西南各省和西藏都生活着麝。过去从麝体中取麝香是割取香腺囊连带附属的皮，阴干后作为药材，影响麝的繁殖；现在麝可以饲养，并用手术采取麝香，不伤及它的生命，也避免损伤香囊。我国早在《神农本草经》中就把麝香列为上品药。新麝香呈黑褐厚膏状，经久变成粉末，呈褐黄色或紫红色，有强烈的香气，用酒精稀释后香气很佳，且耐久不失。瑞士化学家鲁齐卡从1916年起分析、研究麝香和灵猫香，发现它们和海狸香都是含有碳原子大环的酮化合物。

物有香臭，臭是含胺的化合物引起的。胺是氨（NH_3）分子中的氢原子部分或全部被烃基取代的产物。甲胺（NH_2CH_3）就是氨分子中一个氢原子被甲基（$—CH_3$）取代的产物，臭鱼烂虾的臭味就由它而生。

含氮的蛋白质中的氨基酸受腐败细菌的作用，发生化学变化，就产生一些有臭味的胺化合物。粪便的臭味由粪臭素和吲哚产生，都是蛋白质中的色氨酸经细菌作用的产物。所以肉吃得多的人拉出的粪便臭味更重。粪臭素的化学成分是3-甲基吲哚，是1871年德国化学家布里格从粪便中发现的。吲哚不仅存在于粪便中，也存在于煤焦油、茉莉油中，纯品稀释后有新鲜的香味。

含蛋白质的物质腐烂后散发出来的臭味是腐胺，即丁二胺$NH_2(CH_2)_4NH_2$产生的，是精氨酸受细菌作用的产物。

意大利化学家塞尔米、法国化学家高蒂埃和布里格从1873年起先后分析研究尸碱，确定它含有尸胺即戊二胺$NH_2(CH_2)_5NH_2$，它很容易放出有臭味的氨（NH_3）。

还有些有臭味的化合物是由于含有硫。低级硫醇具有强烈恶臭。硫醇是醇分子中羟基（—OH）上的氧原子被硫原子取代的产物。例如乙硫醇（C_2H_5SH）就是乙醇（C_2H_5OH）中的氧原子被硫原子取代的产物。这是一种恶臭的化合物，1833 年由丹麦化学家蔡斯发现。它在空气中的浓度达到 $10^{-14}g/cm^3$ 时，就因它的臭味而被人们感觉到，因此把它掺进煤气中以提醒人们煤气是否存在泄漏。臭鼬在发怒时放出的臭气含有丁硫醇（C_4H_9SH）。

石油能效的三次发现

石油是动植物遗体在地壳中经过复杂的变化而形成的。考古学家们在现今伊拉克幼发拉底河两岸有 5000 多年历史的古建筑中，发现有利用石油、沥青、沙浆的迹象。

我国东汉著名史学家班固（公元 32—92 年）编著的《汉书》中记载着："高奴有洧水可燃。"高奴在今天的陕西省延长县一带，洧（音 wěi）水是延河的一条支流。这就是说，我国早在公元 1 世纪以前就已经发现洧水上有石油，可以燃烧。

但是长期以来，石油只是直接被用作燃料或照明，即使它冒出浓厚的黑烟，还产生强烈刺鼻的臭味。

大约到 19 世纪初，人们才开始认识到从石油中蒸馏出煤油，用作燃料和照明，可以减少黑烟和不愉快的臭味。1823 年，俄罗斯农民杜比宁和他的两个兄弟在北高加索地区盛产石油的格罗兹尼附近首先建成蒸馏石油来提取煤油的装置。

1855 年，美国耶鲁大学化学教授西利曼通过分析石油的化学成分，确定石油是多种碳氢化合物的混合物，开始将石油蒸馏，获得 50%类似煤焦的产物，供照明用；1859 年他首先在美国宾夕法尼亚州蒂图斯维尔钻井采油，而不再是等待石油慢慢聚集到地面上来收集了。当时石油被用作外科药剂，医治"百病"。只是经过了一段时期后，美国匹兹堡一位销售石油的商人基尔接受一位化学家的劝告，按照分馏酒和水的方式分馏石油。最初只是得到含 5~8 个碳原

子的碳氢化合物石脑油，即溶剂油、汽油；后来分馏出含9~18个碳原子的煤油，其余馏分是润滑油，用作润滑剂，残渣沥青涂敷屋顶防渗漏。从润滑油中又逐渐分馏出柴油、润滑油、凡士林等，并将煤油用硫酸、碱处理以脱色除臭用于照明。

　　从石油中提取煤油供照明用是第一次发现石油的能效。

　　这时汽油却没有得到充分的利用，因为它的着火点低，又容易挥发，甚至燃烧时会发生爆炸，因而当时人们视它为危险的"废料"，不知如何处理。

　　到19世纪末，内燃机和汽车相继问世。内燃机和蒸汽机不同，蒸汽机是用燃料烧开锅炉里的水，产生蒸汽，再把蒸汽引进汽缸里，推动活塞工作。内燃机是将燃料引进汽缸里燃烧，使燃烧产生的气体推动活塞工作。内燃机需要易燃的液体作燃料，汽油正好符合它的要求。当内燃机安装在车上成为汽车后，汽车迅猛地发展起来，接着飞机、汽艇等相继出现，汽油变"废"为宝了。这是第二次发现石油的能效。

　　电灯出现后，煤油的需求量大减，这就又促使人们尽快研究能否从石油中提取更多汽油而减少煤油产量。

　　到20世纪初，这种设想开始变成现实了。美国标准石油公司化学家伯顿从1910年开始研究，1913年取得专利。他将石油放进锅里加热，使煤油在一定压力下分裂成较小的分子，煤油变成了汽油。现在这个过程叫做裂化。本来按照过去的生产方法从10t石油里只能得到1t左右的汽油，采用裂化方法后汽油的产量增加了。

　　把石油中含碳原子较多的碳氢化合物裂化成含碳原子较少的碳氢化合物的过程是石油的化学加工过程，不同于石油的分馏，后者是石油的物理加工。

　　随着汽车和飞机的高速发展，出现了大型客机和超音速喷气式飞机，汽油需求量不断增加，不仅要把煤油裂化成汽油，更希望从整个石油中提取出更多的汽油，同时对汽油的质量也提出了更高的要求。

汽油的蒸气与空气的混合物在内燃机的汽缸中燃烧时往往在点火前就产生爆炸性的燃烧，因而引起爆震现象。这不仅造成能量的浪费，而且也损害内燃机的汽缸。经过化学家们的试验知道，爆震程度的大小与所用汽油的成分有关。一般来说，直链烷烃在燃烧时发生的爆震程度最大，环状烃和带有很多支链的烷烃发生的爆震程度最小。在含有7~8个碳原子的汽油成分中，以正庚烷的爆震程度最大，而异辛烷基本上不发生爆震。正庚烷的分子结构是直链的，异辛烷带有支链。

化学家们制定出辛烷值作为衡量汽油抗爆震程度的大小，以正庚烷和异辛烷作为标准，规定正庚烷的辛烷值为0，异辛烷的辛烷值为100。在正庚烷和异辛烷的混合物中，异辛烷的质量分数叫做这个混合物的辛烷值，也就是通常所说的多少号汽油。

各种汽油的辛烷值，或多少号汽油，是把它们在燃烧时所发生的爆震现象与上述混合物比较得到的。例如，某汽油的辛烷值是80，或80号汽油，就是说这种汽油在一个标准的单个汽缸中燃烧时所产生的爆震现象与由20%（体积分数）正庚烷和80%异辛烷在同一汽缸中燃烧时所达到的爆震程度相同。普通汽油并不是正庚烷和异辛烷的简单混合物，所以辛烷值只表示汽油抗爆震程度的大小，并不表示异辛烷在其中的含量。

由石油分馏所得汽油随原油的不同而不同，辛烷值大约在20~70之间，不能满足汽车及飞机燃料的要求。

第一次世界大战后不久，美国通用汽油公司的实验室里进行着许多物质的筛选研究，试图找到一种物质把它添加到汽油里以降低汽油的燃烧爆震，终于在1921年找到了四乙基铅（C_2H_5）$_4$Pb这种化合物。

四乙基铅是一种具有强烈气味的无色而有毒的液体，在汽油中加入少量后确实能降低爆震，被称为抗震剂。但后来发现四乙基铅燃烧后会生成氧化铅堆积在汽缸里，造成障碍；于是又添加二溴乙烷（CH_2）$_2Br_2$和二氯乙烷（CH_2）$_2Cl_2$，它们在燃烧时能与四乙基

铅发生化学反应，把生成的物质一起排出。

怎样解决汽油在汽缸里燃烧产生的爆震呢？早在20世纪20年代，法国机械工程师乌德里创造了石油裂解的化学加工方法。

裂解和裂化一样，都是把含碳较多的碳氢化合物分解成含碳较少的碳氢化合物，以增加从石油中提取汽油的数量。不过裂化一般是得到更多的汽油，也有一些气体产生，反应温度一般不超过500℃；而裂解除获得更多汽油外，还获得较多的低碳气体，反应温度一般在700~1 000℃或更高，又称深度裂化。

裂解一般分为热裂解、催化裂解和加氢裂解三种。热裂解是在高温、高压下进行的，得到较多的汽油和副产气体；催化裂解是在硅酸铝等催化剂存在的条件下进行加压加热的，得到的汽油质量高，这就可以不再添加抗震剂；加氢裂解可使产品中不饱和的烯烃转变成饱和烃，增加汽油的产量。

从裂解、裂化得到的副产气体主要是乙烯、丙烯、甲烷、乙烷、丙烷，等等，它们是制造聚乙烯、聚氯乙烯、聚丙烯等塑料和人造纤维、人造橡胶、洗衣粉、农药等的原料。副产气体成为化工原料是第三次发现石油的能效。

甲烷、乙烯、乙炔的发现

甲烷（CH_4）、乙烯（C_2H_4）、乙炔（C_2H_2）是三种最简单的烃，都是链烃，因为它们都具有链状结构，不同于具有环状结构的环烃。

甲、乙、丙、丁、戊、己、庚、辛、壬、癸称为天干，又称十干。它们和地支（子、丑、寅……）自古代起用来表示年、月、日和时的次序，周而复始，循环使用。我国的化学家们用它们来表示链烃中的碳原子数。烷、烯、炔被用来表示氢原子的饱和程度；烷表示"完整"，碳是4价的，1个碳原子与4个氢原子结合；烯表

示"稀少"；炔表示"缺乏"。三者都用"火"旁，表示它们都可以燃烧。

甲烷是植物腐烂的产物，存在于沼泽的淤泥中，以及煤层与天然气中，又称沼气、煤坑气。《周易》中有"泽中有火"之句，就是说沼泽中产生的沼气在燃烧。早在公元前250年我国秦代蜀郡守李冰就在四川开掘盐井，利用火井中沼气熬煮井盐，后来历代文献中都有利用沼气的记述。可是我国古代人们只是提取和利用它，而没有分析、研究它。

意大利物理学家伏特在1776年写给友人的信中叙述了他发现甲烷的经过。他在意大利北部科摩湖的淤泥中收集到一种气体，当时他用木棍搅动淤泥，让冒出的气体通入倒转过来充满水的瓶中，并将水排出，然后点燃这种气体，结果火焰呈现青蓝色，燃烧较慢，并且与10~12倍体积的空气混合燃烧爆炸，得出的结果不同于当时已经发现的可燃性空气（氢气）的燃烧。

1790年，英国医生奥斯丁发表了燃烧甲烷与氢气的研究报告。他称甲烷为重可燃性空气，氢气为轻可燃性空气，其区别是重可燃性空气燃烧的结果产生固定空气（二氧化碳）和水，而轻可燃性空气燃烧的结果只产生水，因此他确定甲烷是碳和氢的化合物。

1804年，英国化学家道尔顿也从沼泽中收集到甲烷，同年他进行了甲烷与氧气混合燃烧爆炸的实验，测定了它的原子量为6.3。当时他没有分子的概念，认为化合物的分子是由复合的原子组成，所以他以氢的原子量等于1作为测定原子量的标准。他没有测出甲烷中碳和氢的原子个数比，只认识到它含有数量较多的碳，就称它为"充满了碳的氢气"。

16~17世纪，欧洲各地煤矿因灯焰进入坑内时常有爆炸事件发生。1812年，英国港口城市泰恩河岸盖茨黑德煤矿发生爆炸，死392人。有人认为这是由于煤坑中存在一种煤坑气，英国化学家汤姆森确定煤坑气就是"充满了碳的氢气"。英国化学家戴维进行了防止发生爆炸事故的研究。戴维制成一种安全灯，将火焰围入金属

丝网制成的罩中，使灯火产生的热量被金属丝网吸收，网外易爆气体的温度不会上升到燃点。

1839年，法国化学家佩索茨在其发表的报告中讲到利用醋酸钠和氢氧化钠作用制得甲烷，他分析了它的化学组成，称它为四氢化碳，并给出它的化学式 C_2H_8（CH_4）。佩索茨制取甲烷的这种方法至今还应用在化学实验室中。

1856年，法国化学家贝特洛将二硫化碳和硫化氢或水蒸气混合通过赤热的铜，获得甲烷。

乙烯由荷兰化学家们首先制得和发现。荷兰自然学家英根-豪茨在1779年发表的报告中谈到，他在1779年3月和11月亲眼看到荷兰化学家卡斯贝特森等人将酒精与绿矾油（硫酸）共同加热放出的一种气体与普通空气或氧气混合燃烧发生猛烈爆炸，他们测定了这种气体比普通空气重，它与氢气、沼气、普通空气的密度比是150∶25∶92∶138。

荷兰化学家迪曼等人在18世纪末不仅发现了至今化学实验室中还会用到的硫酸使乙醇脱水制得乙烯的方法，还发现了将乙醇蒸气通入陶土或氧化铝催化剂获得乙烯的方法。他们测定了它的化学组成是碳和氢，并发现到它与氯气作用形成一种油状液体（氯乙烯），因而称它为"成油的碳化氢气"。这一物质传到法国后被称为"成油气"。

乙炔俗称电石气，早在1836年就被发现。这一年英国化学教授戴维在加热碳和碳酸钾试图制取金属钾的过程中将残渣（碳化钾）放进水中，结果产生一种气体，并发生爆炸。因而确定它的化学组成是 C_2H（以碳的原子量等于6计算），并称它为"新的氢的二碳化物"以区别于化学家法拉第在1825年从鲸鱼体中所获得的碳和氢的化合物（苯）。

1862年，法国化学家贝托莱将氢气通过两碳极之间的电弧，使氢气和碳直接合成乙炔，确定它的化学式是 C_4H_2。

19世纪90年代，法国化学家穆瓦桑发明了电炉。在电炉中将

氧化钙和焦炭作用，制得碳化钙（电石），碳化钙与水作用后生成乙炔，这成为后来工业上制取乙炔的方法。

1892年5月4日，一位美国炼铝厂主威尔森将石灰和煤焦油的混合物放置在电炉中作用，期望利用煤焦油中的碳还原出石灰中的钙，结果得到的是一种暗黑色的脆性物质。他将这种废料倾倒进水中，产生大量气体；他点燃了这种气体，它在发出明亮火焰的同时产生了许多黑烟。他曾经学习过化学，意识到这种气体不是氢气，而是一种含碳的化合物的气体，否则不会产生黑烟。他将样品送请北卡罗来纳州大学化学教授维莱布进行分析鉴定，结果确定黑色的脆性物质是电石，产生的气体是乙炔。

1895年初，法国化学家、冶矿工程师勒夏特列向法国科学院提交了一篇论文，指出乙炔在压缩下被利用是危险的，会发生爆炸。1897年，法国化学家克洛德发现乙炔很易被丙酮吸收溶解，盛装在钢瓶中可以安全使用。之后在1901年，法国弗塞兄弟完成气炬的设计。于是氧乙炔焰被广泛应用于金属切割和焊接中，使工业生产中许多零部件的加工除了利用电弧切割和焊接外又有了更加简易的方法。

有机取代理论的建立

所谓取代反应，即有机物分子中的原子或原子团被其他原子或原子团替代的反应。

早在1815年，盖-吕萨克就观察到氯气与氢氰酸作用，可以生成氯氰酸，且氢氰酸中的氢可以完全被氯替代。过了一段时间，盖-吕萨克又发现，当用氯漂白蜂蜡时，后者也会失去氢，吸收同样的氯。1821年，法拉第也首次指出，荷兰油 $C_2H_4Cl_2$ 在氯的连续作用下，可变成六氯乙烷 C_2Cl_6，氢在这时被同样体积的氯所取代……然而，他们都只举出一些例子和某地个别现象，并未系统地

进行总结和上升到理论上加以认识。真正创立取代理论的是法国著名化学家杜马。

1833年，在法国杜伊城的一次社交晚会上，新买的巨大蜡烛把富丽堂皇的大厅照得光彩夺目，然而，不长时间厅内就发生了异常现象，燃烧的蜡烛不断放出烟雾，并且产生一种窒息性的气体，弄得舞会难以继续下去，只得不欢而散。气急败坏的舞会主办者当场要求塞勒夫皇家瓷器厂厂长布朗尼解释清楚，为什么蜡烛燃烧会产生如此糟糕的现象。厂长是位化学门外汉，只好叫他的女婿杜马来解释所发生的这一切。

经过实验研究，杜马很快就查清了白雾的来历，原来蜡烛燃烧时产生了氯化氢气体，氯化氢与空气中的水蒸气结合就形成了白雾。

杜马并没有就此罢休，他以穷追到底的精神，仔细调查了蜡烛的来龙去脉，方知舞会所用的蜡烛是经氯气漂白过的产品。据此，一个大胆的设想在杜马的脑海之中展现：是否是氯取代了蜡烛中的氢呢？带着这个问题，他研究了氯对松节油的作用，结果证明氢被从松节油中除去，并被同体积的氯取代。实验结果完全证实了他的猜想。

根据盖-吕萨克、法拉第等人的实验观察结果及自己掌握的实验事实，杜马指出：氯有一种能从某种物质中排除氢并将氢原子逐个取代的能力。这个取代的自然定律或理论应该有个专门的名称，他建议将其称为"取代"。

他还根据大量实验事实，用归纳推理的方法，总结出取代经验定律，其要点为：

（1）如果含氢物质受氯、溴、碘、氧等脱氢作用，那么每损失一个氢原子，就要添加一个氯原子，或一个溴原子，或一个碘原子，或半个氧原子。

（2）如果这种物质除含氢外，还含有氧，则此定律仍然成立，而不必修改。

（3）如果这种物质含有水，则水首先失去氢，不发生取代；只是在这以后，氢才像上面所说的那样被排除和取代。

杜马还补充说，他的经验定律正如每一种完善的学说一样，是基于确凿的事实。

最先注意到杜马取代理论的是法国青年化学家奥古斯特·罗朗。他接受了杜马的观点，并在1835年进一步指出：在比较氯、溴、氧或硝酸对各种物质的作用后，可以得出下列的结论，其中第一条应归功于杜马。

（1）如果氯、溴、氧或硝酸作用于烃，则放出的每一氢原子都被一个当量的氯、溴或氧所取代。

（2）同时形成氢氯酸、氢溴酸、亚硝酸或水，它们或者游离出去，或者与新形成的基化合。

一种新事物的产生，往往不是一帆风顺的，可能会遭到一些非议。杜马的取代理论第一次受到的攻击来自瑞典化学家贝采利乌斯，他认为杜马的观点不利于科学的发展，因为它给人们以假象，使化学家看不到事物的真实面目：像氯这样负电性很强的元素绝不能进入有机基团。

针对贝采利乌斯的指责，杜马理直气壮地答复道：我一贯坚持的意见是氯居于氢的位置，贝采利乌斯恰恰把一种相反的意见强加给我了。他声称我说氯取代氢又与氢起着完全相同的作用，这完全是强加于我，因为这是我极力反对的，也是与我在这个问题上所谈的一切直接对立的。取代定律是个经验定律，它反映了从化合物中放出的氢与被吸收的氯之间的关系。

尽管杜马的取代理论不断遭到非议，但事实胜于雄辩，后来无数事实都证明杜马通过归纳推理所得出的取代反应定律是正确的。

今天，取代反应已成为有机化学中重要的一类反应，并且广泛应用于化工生产和许多科学实验之中。

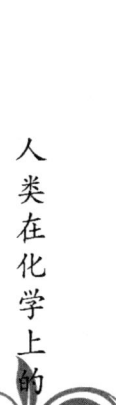

凡士林的发现历程

石油是一种埋藏在地下的宝藏，它既是重要的能源，又是石油化工的重要原料。最初，人类主要利用石油来照明，1883 年汽油发动机问世和 1893 年柴油发动机问世后，石油的加工产品便成了发动机的燃料，从而开创了人类文明的新纪元。

20 世纪，石油化学工业兴起，以石油为原料可以制成上万种产品，如化肥、农药、医药、塑料、合成纤维、合成橡胶等。石油与国民经济和人民生活有着密切的联系，可以毫不夸张地说，石油工业发展的状况标志着一个国家的文明程度。

那么，通过对石油的炼制可以得到哪些主要产品呢？通常按照主要用途，这些产品可分为两大类：一类为燃料，如液化石油气、汽油、喷气燃料、煤油、柴油、燃料油等；另一类为可用于进一步加工的原材料，如润滑油、凡士林、石蜡、石油沥青、石油焦等。

石油的这些加工产物各有所用，其中最不起眼的也是最常见的要数凡士林了。

从组成上看，凡士林是液态烃和固态烃的混合物，呈白色或黄棕色。凡士林可由固体石蜡和润滑油调制而成，也可由石油残油经过硫酸和白土处理精制而成。

19 世纪 70 年代以前，世界上大部分药膏都是用动物脂肪（如牛油、猪油、羊脂等）和植物油（如花生油、棕榈油等）配制而成的。由于这些油脂容易氧化、聚合，性质不稳定，致使所配制的药膏很容易腐败变臭而失效。

美国有一位药剂师切斯博罗见到所配制的药膏性能这样差，心中很不满意。为此，他萌生了一种求变心理，他想：若能找到一种不易变质而且类似于油脂的物质该有多好，这样便可改进药膏的配方，提高药膏的药效。

1859年，切斯博罗有机会到美国宾夕法尼亚州参观新发现的油田。在那里，他看到一件非常有趣的事情：工人们非常讨厌采油机杆上所结的蜡垢，因为结蜡会增加油气的流动阻力，严重时还会堵死油流通道，影响正常生产。为此，工人们必须不断地将蜡垢从杆上清除掉。

　　那么，为什么采油机杆上会结蜡呢？在采油开始时，一般不会有结蜡现象，采油时间长了，由于随着油流上升，压力逐渐低于原油的饱和蒸气压，天然气不断从原油中分离出来，气体膨胀要吸收大量热量，原油溶蜡能力减弱，因此就会有大量石蜡从原油中析出，使油杆结蜡垢。

　　然而，有趣的是工人们又很喜欢这些蜡垢，经常用一些蜡垢擦抹受伤的皮肤。问起这样做的原因，工人们回答说，"蜡"可以止痛。切斯博罗对此非常感兴趣，他想这里面可能含有自己多年想要寻找的物质。为此，他如获珍宝一样带走大量蜡垢以便回去研究。

　　经过11年的研究，做了上百次实验，最后他终于搞清了蜡垢的化学组成、性质及进一步净化提炼的方法，并且还从蜡垢中提炼出黄棕色的油膏。他用这种油膏配成了药膏，并用这种新药膏治疗自己的割伤和烧伤，药效非常明显，而且安全耐用。就这样，一项新的发明在世界上诞生了。1870年，他还建立了世界上第一个制造这种油膏的工厂，并将这种产品命名为Vaseline（凡士林）。

　　今天，凡士林已成为家喻户晓的产品。据统计，它已在多个国家和地区行销，具有几千种用途。例如，在高寒地带，人们在野外工作，为了保护裸露的皮肤，可用于擦手、擦脸；汽车司机可把它涂在蓄电池线头上，以防止线头腐蚀；游泳者跳入冷水前，可用凡士林涂身，以减少热量损失，保持精力旺盛。

　　总之，不起眼的凡士林在润滑剂、防锈剂、化妆品、药膏、鞋油及金属擦光剂等方面都大有市场。

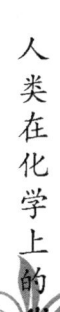

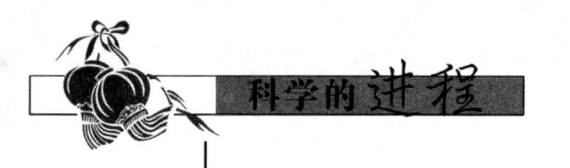

最早得到的五种有机酸

含糖的野果会在酵母菌作用下自然发酵成酒，因为果实中含有果糖、葡萄糖。

含淀粉的谷物不能直接发酵成酒，但含有淀粉的谷粒，如大麦、玉米、稻子等，发芽的时候会自然生成糖化酵素，使淀粉转变成糖，然后进一步发酵成酒。

唾液里也含有糖化酶，使淀粉转变成糖。生活中我们细嚼米面等含淀粉的食物时会感到愈嚼愈甜，正是由于淀粉受糖化酶作用转变成糖。

世界各文明古国很早就学会了酿酒，据1992年11月美国《自然》杂志发表的有关文章说，6 000年前阿拉伯人就已经酿制和饮用啤酒了。

我国酿酒起于何时，各说不一。有人认为始于新石器时代，较多人认为始于距今约4 000多年的龙山文化时代。

根据我国历代古书的记载，远古时代可能由糵作为米的糖化剂，先制成饴糖水后再由自然发酵或添加"酒母"制成甜酒。殷商时代很可能用糵或曲制酒，殷商以后便不用糵而用曲了。

酿酒时一般当酒精含量达到10%时酵母菌便停止繁殖，发酵作用随即变得缓慢，因此未经蒸馏的酒中酒精含量不超过20%。中外炼金术士们发明了蒸馏设备，用以提取"酒的精液"。蒸馏酒的取得对医药起了很大的推动作用，最迟在8世纪，我国利用蒸馏法获得烧酒。

经过蒸馏的酒可以得到95.6%的乙醇，这就是常用的酒精。它的沸点是78.2℃。用普通蒸馏法不能将酒精中的水分完全除去，因为95.6%的乙醇和4.4%的水形成共沸点混合物，在78.2℃时同时蒸馏出来。德国数学家、化学家李希特在1797年发表著述，讲述

他蒸馏酒精并用氯化钙粉末吸收水分而获得相对密度为0.792的酒精,并称为"绝对醇"。他还编制了不同比例水和乙醇的混合物,相对密度为从1.000到0.792,这个数字已经与现今测得的乙醇比重0.789很接近了。现今制取无水乙醇是采用石灰吸收水分。

1787年,法国化学家拉瓦锡最早分析了乙醇的化学组成;1814年,瑞士矿物学教授索修尔也分析了它。拉瓦锡的数据是含碳29.779%,氢17.205%,氧53.016%;索修尔的数据是含碳51.98%,氢13.70%,氧34.32%;而正确数值是含碳52.2%,氢13.1%,氧34.7%。

19世纪三四十年代,欧洲化学家杜马、贝采利乌斯、李比希列出的乙醇的化学式分别是:$C_4H_4 \cdot H_2O$、C_2H_6O、$C_4H_{10}O \cdot H_2O$。

1850年,德国分析化学教授威尔森将金属钾与乙醇作用,钾取代了乙醇中的一个氢原子,他认识到乙醇分子中有一个氢原子与其他氢原子不同,从而写出了乙醇的化学式为C_2H_5OH。1858年,英国化学家库柏列出了接近现代乙醇的化学式。

近代英国化学家摩根创造了利用一氧化碳和氢气在加压和催化剂的作用下合成乙醇的方法,而近代工业利用乙炔合成乙醇。

甲醇是由法国化学家杜马和彼利高在1834年发现的。他们研究了蒸馏木材的水溶液,将它用铂黑氧化,结果生成甲酸(蚁酸),正如酒精氧化成乙酸一样,他们于是确定其中存在类似酒精的醇。瑞典化学家贝采利乌斯从甲基($—CH_3$)一说将它称为甲醇。

甲醇的毒性一直到1856年才被发现。不过,直到1925年以前甲醇还大量用于制造香料,1951年美国佐治亚州亚特兰大发生了人们饮用掺有甲醇的饮料导致323人中毒、41人死亡的恶性事件。1924年经过法国和德国化学家的研究,用一氧化碳和氢气在加热、加压和催化剂作用下得到甲醇成为今天工业上制取甲醇的方法。

醇脱氢后即可制得醛。1868年,德国化学家霍夫曼将甲醇的蒸气和空气的混合气体通过加热的铂螺线获得一种气体,它不同于原来的甲醇蒸气,有刺激性,有毒,能燃烧,与空气能组成爆炸性混

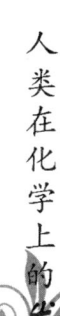

合物，被称为甲醛。

事实上，早在1835年杜马和彼利高将甲醇蒸气和空气通过铂黑获得甲酸时，没有发现中间产物甲醛。因为醇脱氢成为醛，醛氧化成羧酸。甲醇蒸气通过铂黑时分子中部分氢与空气中的氧结合成水而成甲醛，进一步氧化就成为甲酸。

俄罗斯化学家布特列洛夫于1859年发现了甲醛的聚合物，并使甲醛与氨反应，获得了复杂而广泛用于医药中的利尿剂及尿道消毒剂的环六亚甲基四胺，商品名为优洛托品。

乙醛由谢勒在1782年制得，但当时他没有认清它。他将酒精、硫酸和软锰矿（MnO_2）共同蒸馏，获得"很好闻的醚"。1800年，法国化学家沃克兰等人重复了谢勒的实验，确定其产物不是醚，它具有不同于醚的臭味，比重较大，沸点较高，被认为是一种新物质。他们认为在这个反应中，酒精不是失去碳，而是由于与软锰矿中的氧结合而失去氢，故称这种新物质为乙醛。1881年，俄罗斯化学家库切洛夫将乙炔在汞盐催化作用下制得乙醛。

乙醛氧化后即得乙酸，因此这也是制取乙酸的方法。1845年，英国伦敦大学化学教授福内斯将硫酸作用于麸糠获得一种无色油状液体，经分析研究，它可以被氧化形成酸，还原形成醇，因而确定它是一种醛，于是被称为糠醛或呋喃醛。

最简单的酮是丙酮，或称二甲酮$(CH_3)_2CO$。人们很早就知道它存在于蒸馏木材所得的液体中，但最先却是从加热醋酸盐中得到的。醋酸铅是人们很早就制得的醋酸盐，将氧化铅与醋酸作用即得到它。我国古代称它为铅霜，用作收敛药剂；西方称它为铅糖，它味甜，但有毒；醋酸铅再经空气中二氧化碳及水作用即生成碱性碳酸铅，我国古代称为铅粉，可以用作白色颜料。

17世纪，法国药师勒弗夫首先加热醋酸铅获得丙酮。之后，化学家们先后通过蒸馏各种醋酸盐获得它。1809年，法国化学家切内维克斯蒸馏7种醋酸盐得到纯丙酮并测定了它的组成，它比醋酸含有较少的氧，被称为焦木精气。杜马在1831年测定它的分子式为

C_3H_6O。1852年，威廉森认为它是甲基化合物，建立了现代结构式$(CH_3)_2CO$。法国化学家柯林在1819年明确了干馏木材的木精气中含有焦木精气。现今，除利用干馏木材能获得它外，还可以利用石油裂解气丙烯为原料制取，它是很好的溶剂和重要的合成原料。

醚是醇去水的产物，浓硫酸是一种脱水剂，因此乙醇与浓硫酸作用后即得到乙醚$(C_2H_5)_2O$。早在16世纪，瑞士医生帕拉采尔苏斯的著作中就讲述到酒精与硫酸作用得到一种麻醉性液体，它正是乙醚。1540年，瑞士植物学家柯德斯明确提出将乙醇与浓硫酸共同蒸馏以制取乙醚。

据说，英国化学家法拉第曾经发起乙醚游乐会的公开活动，将乙醚作为消遣品，往往是许多人聚在一起，用乙醚传嗅取乐。一位美国医生参加了一次乙醚游乐会后注意到他受到击伤后没有感觉到疼痛，在1842年3月他将朋友用乙醚麻醉后割去颈部肿瘤，由此乙醚被用作医学中的麻醉药剂。

乙醚与空气接触一段时间后会被氧化成过氧化物，只有除去过氧化物的乙醚可用作麻醉药，它被称为麻醉乙醚。

来自动物体内的有机酸、碱

1780年，瑞典化学家谢勒发现酸牛乳中存在一种酸，谢勒先使它成为钙盐，然后利用草酸使它析出，以拉丁文"牛乳"命名它为乳酸。后来明确它是牛乳中的乳糖发酵后产生的。

1807年，瑞典化学家贝采利乌斯从肉汁中发现一种与乳酸相同的酸，德国化学家李比希从肌肉中提取出它，分析证明它与乳酸具有相同的化学组成，并称它为肌乳酸。后来明确它是肌肉运动时血液中的肝糖分解的产物，我们在运动和劳动中肌肉的酸痛即由此产生。

1848年，德国化学家恩格尔·哈尔德将这两种酸的一系列盐进

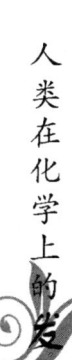

行溶解度、晶形、结晶水含量和脱水过程的比较，确定它们是两种不同的化学物质，但具有相同的化学组成。

1860年，法国化学家维尔茨和德国化学家科尔比等人分析确定二者同分异构，明确它们分子组成中含有的羟基（—OH）连接在分子碳链上的位置不同，用希腊字母α和β区分它们，乳酸是α羟基丙酸 $CH_3CHOHCOOH$，肌乳酸是β羟基丙酸 CH_2OHCH_2COOH。

1863年，德国化学家维斯利采纽斯研究了这两种酸，确定它们都可以被热的硫酸分解，生成乙醛和甲酸，在氧化时都生成醋酸，但认为它们二者不是位置异构，而是原子在空间的排列不同，这引发荷兰化学家范特霍夫创建了立体化学。

乳酸是一种无色浆状液体，易溶于水，易吸收潮湿，可以由糖发酵等方法制取，用于食品、鞣革与纺织等工业中，医药上用它的钠盐防治酸中毒。

尿酸是来自人和动物的又一有机酸。1766年，瑞典医药学家卡尔·谢勒从尿结石中分离出尿酸。1811年，法国化学家沃克兰从鸟粪中发现尿酸，之后英国化学家普劳特在蛇的排泄物中发现了它。1875年，德国化学家麦第卡斯确定尿酸的分子组成为 $C_5H_4N_4O_3$，并确定了它的分子结构。它是嘌呤的一种衍生物，学名2，6，8—三羟基嘌呤。

第三个来自动物体的有机酸是马尿酸。它存在于食草动物的尿中，人尿中也有少量，素食者尿中马尿酸的含量较肉食者高，因为植物组织成分中含有的芳香族化合物分解时产生苯甲酸 C_6H_5COOH，它在肝脏中与甘氨酸 $NH_2—CH_2—COOH$ 作用生成马尿酸，由尿排出。

苯甲酸对人体是有毒的，马尿酸在肝脏中形成，起了排毒作用。

马尿酸的发现从1799年开始。这一年法国化学家富克鲁瓦和沃克兰将盐酸作用于牛和马的尿得到苯甲酸；1829年，德国化学家李比希研究了这一反应，认为是由于马和牛的尿中含有一种含氮的

酸形成的，就称它为马尿酸；李比希测定了它的化学分子组成为 $C_9H_{10}NO_3$（正确的是 $C_9H_9NO_3$）；1846 年，法国化学家德塞涅证明马尿酸水解除生成苯甲酸外，还生成甘氨酸。

第四个是肌酸，1832 年法国化学家谢弗罗尔从肉汤中分离出肌酸；1844 年德国化学家佩滕克费尔从人尿中发现肌酸酐；李比希测定了二者的分子组成分别是 $C_4H_9N_3O_2+H_2O$ 和 $C_4H_7N_3O$，确定后者是一种强碱，他已认识到肌酸分子中含有一个分子结晶水，当把它加热到 100℃ 时即失去这一结晶水。肌酸微溶于冷水，易溶于热水。

肌酸存在于所有脊椎动物的肌肉中，在哺乳动物和鸟类的肌肉中每 1g 肌肉约含 450mg 肌酸，在爬行动物和两栖动物的肌肉中含量较少一些，它在肌肉收缩的化学变化循环中起着重要作用。肌酸在肌肉中多半不单独存在，而与磷酸结合成磷酸肌酸，磷酸肌酸水解释放出能量，供肌肉收缩，然后它们重新结合。肌酸在体内由精氨酸转变而来，它去水生成肌酐，是体内新陈代谢的废物，由尿排出。

第五个是胆汁酸。德国化学家威兰德从 1912 年起开始研究它，从中发现 3 种酸，即胆酸、去氧胆酸和猪去氧胆酸，确定了它们的复杂结构，因此获得 1927 年诺贝尔化学奖。

胆酸早在 1841 年就被瑞典化学家贝采利乌斯从牛胆汁中发现，它以甘氨酸、牛磺酸的酰胺化合物存在于脊椎动物的胆汁中。

牛磺酸早于胆酸于 1827 年由德国解剖学和生理学教授蒂德曼和化学家格美林从牛的胆汁中发现；法国化学家佩卢兹和杜马在 1838 年测定它的化学式是 $C_2H_7NO_5$；在李比希实验室工作的德国化学家雷德坦巴切尔分析确定其分子中含有硫，正式确定它的分子式是 $C_2H_7NS_3$。

法国化学家弗雷米在 1841 年从脑体中分离出脑脂酸，这是来自动物的又一种酸。

德国药学教授利布雷赫在 1865 年从脑体中分离出的神经碱曾被一些化学家认为与德国化学家施雷克尔在 1862 年从胆汁中发现

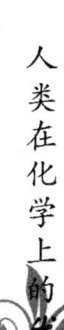

的胆碱是同一物质。神经碱以游离的或结合的形式存在于人脑中以及一些动物或植物中,它是卵磷脂腐败的产物;胆碱作为卵磷脂的组成成分存在于一切动物和植物组织中,它的硫酸盐存在于微菌、地衣和红藻中。神经碱毒性很大,而胆碱无毒。

来自动、植物的生物碱

1805年,德国一位年轻的药剂师塞尔杜纳发表了一篇文章,阐明从鸦片中分离出的一种物质能与酸作用形成盐,经猫和他本人亲自服用、试验,被认为具有催眠效果。1816年,塞尔杜纳通过提纯获得这一物质的结晶体,再次发表文章,并用希腊神话中"睡梦神"命名它为吗啡。

这一发现引起法国药学家们和化学家们的重视,因为早在1803年,法国巴黎药剂师德罗斯和赛甘曾从鸦片中分离出吗啡,但当时的分离物只是混合物,没有进一步的研究。

法国化学家盖-吕萨克高度评价了这一发现,鼓动法国同行们认真寻找更多更有效的这类物质。法国巴黎药学院药学教授罗比凯重复塞尔杜纳的实验,肯定了他的发现,并在1817年和1832年先后又从鸦片中发现那可丁、可待因。接着法国巴黎药学专科学校教授佩尔蒂埃和卡芳杜在1818—1821年共同发现奎宁、辛可宁、马钱子碱、番木鳖碱、咖啡碱和藜芦碱等。

欧洲各国化学家们纷纷研究这些来自植物的碱,发现它们大多不溶于水,而溶于醇和一些有机溶剂,有苦味,对人和动物具有明显的生理作用和毒性。德国化学家李比希分析了它们的组成,确定它们的分子中共同含有氮原子作为复杂环状结构的一部分。我们称此类物质为植物碱,又因其中少数来自动物,因而又称生物碱。

鸦片,是由罂粟果的汁液干燥而成的黑色膏状物,原产于小亚细亚(今土耳其亚洲部分),在7世纪由当时称为波斯的伊朗传入我国，有"米囊子"、"御米"等名称。明朝李时珍（1518—1593）编著的《本草纲目》中称其为"阿芙蓉"。

吗啡是鸦片的主要组成成分。它是白色结晶体，无臭，味苦，易溶于水，具有镇痛、止咳、兴奋、抑制呼吸及肠蠕动作用，常用会成瘾并中毒。

罂粟果

那可丁也存在于鸦片中，含量仅次于吗啡，是一种无色针状结晶体，是许多医治咳嗽药物的组成成分。

可待因在鸦片中的含量小于那可丁，又称甲基吗啡，是一种无色结晶体，也有镇痛作用，较吗啡弱，成瘾性较小，使用较安全。

从鸦片中发现的植物碱还有蒂巴因、罂粟碱等。

蒂巴因是一种白色结晶体，能引起强烈痉挛。1835年，法国佩尔蒂埃实验室一名工作人员从鸦片中发现它。

罂粟碱是无色结晶体，具有轻微的麻醉作用。1848年，德国化学家摩克从鸦片中发现了它。它在鸦片中的含量小于那可丁，大于可待因。

鸦片中约含有20多种植物碱。

奎宁又称金鸡纳霜，是一种白色粉末，因而称为"霜"。它存在于南美洲秘鲁出产的金鸡纳树皮中，当地人很早就用这种树皮的浸泡液医治发烧、发热。

辛可宁也存在于金鸡纳树皮中，是无色针状结晶体，生理作用与奎宁相似。它比奎宁在水中的溶解度要小，而其硫酸盐在水中的溶解度较大，因此二者可分离。

金鸡纳树皮中也存在20多种植物碱。1847年，德国化学家温克勒从金鸡纳树皮中又发现了辛可尼定，它是辛可宁的同分异

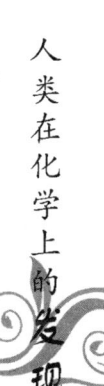

构物。

马钱子碱和番木鳖碱都存在于马钱子的树皮和种子中。马钱子树是一种常绿乔木，原产印度、缅甸、越南等番邦，它的种子如小鳖状，因而名番木鳖碱。

咖啡碱又名咖啡因，存在于咖啡豆和茶叶中，是一种白色粉末或结晶体，能使呼吸中枢及血管运动中枢兴奋。

1827年，法国一位化学家从茶叶中又发现了一种植物碱，命名为茶碱，后来分析证实茶碱和咖啡碱是同一物质。

茶叶中还含有另一种茶叶碱，它是一种白色结晶体，和咖啡碱一样是一种弱碱，是在1888年由德国生理学教授柯塞尔从茶叶中发现的，以"茶叶"和"树叶"缀合命名。

藜芦碱存在于藜芦中。藜芦品种很多，属百合科，是多年生草本植物。我国产的多是黑藜芦，根供内服，能催吐、祛痰，有大毒，农业上用作杀虫药。德国药剂师迈斯纳在1819年独自从墨西哥产的种子中发现了它，而佩尔蒂埃和卡芳杜是从它的根茎中发现藜芦碱的。

藜 芦

佩尔蒂埃早在1821年就从胡椒中发现了胡椒碱，它是一种无色结晶体，医药上用作解热剂。不过，丹麦物理学家、化学家艾尔斯泰德比佩尔蒂埃更早从胡椒中发现了它。胡椒中含胡椒碱7%～9%。

佩尔蒂埃和马根迪共同发现了吐根碱。吐根碱存在于吐根的根中，是一种白色粉末。吐根是一种多年生草本植物，原产巴西，我国台湾也有栽培，医药上用它的根作催吐剂。

在法国药剂师们发现多种植物碱的同时，德国药剂师布兰德斯发现了莨菪碱、阿托品和飞燕草碱等。

莨菪碱存在于茄科植物莨菪和曼陀罗等中，是一种白色结晶体。莨菪是多年生草本植物，我国古代很早就以莨菪的种子作为药用，称为天仙子。阿托品又称颠茄碱，是无色晶体，剧毒，医药上用途颇广。飞燕草碱，又称翠雀宁，存在于飞燕草的种子中，是一种白色结晶体，有毒，用作杀灭人头发中的虱子。

飞燕草中含有多种植物碱。飞燕草属植物中还可能含有乌头碱，它是一种白色结晶体。1860年，英国化学家格罗夫斯分离出乌头碱。

植物碱中还有古柯碱，又称可卡因，因存在于南美古柯树树叶中而得名，是一种无色结晶体。1859年，德国化学家尼曼首先分离出它。1860年，武勒分离出其纯净物，分析并确定了它的分子组成。

飞燕草

古柯树原生长在南美洲玻利维亚、哥伦比亚等地，当地印第安人很早就咀嚼古柯树叶以消除疲劳和引起快感。英国医生克里斯蒂森将这种植物引进到欧洲。1884年，美国医生柯勒发现古柯碱有镇痛、麻醉作用，从而引起医药界对它的研究。

古柯树

另外，1821年法国化学家德福塞发现了存在于茄属植物马铃薯芽中的、龙葵等的果实中的有毒物质茄碱，这就告诉人们发芽的马

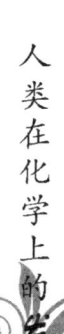

铃薯不能食用；1812年，德国化学家施拉德从毒芹中发现毒芹碱；1831年，法国医学科学院实验室主任亨利从芥种子中发现芥子碱；1866年德国化学家施布勒从甜菜汁中分离出甜菜碱，等等。

抗疟良药奎宁的发现

17~18世纪，欧洲许多国家流行疟疾病，疟疾是由疟原虫引发的。疟原虫寄生在人畜的血红细胞内不断裂变增殖，红细胞被破坏后，裂殖子进入血液中，又可侵入正常红细胞，再增殖；病人受到蚊子叮咬后，裂殖子又被吸入蚊体内，再繁殖疟原虫；这种蚊子再叮咬人畜时，又将疟原虫带入另外的人畜的血液里。疟疾就是如此往复，危害人畜的。人感染疟疾后，主要症状是周期性发作寒战，继而发热，轻者贫血、肝脾肿大，重者便会死亡。当时，由于科学技术不发达，没有治疗此病的特效药物，因此使不少人丧命，人们把疟疾病看成不治之症，世界被笼罩在谈"疟"色变的恐怖之中。

然而，在斑斓多彩世界的另一侧，居住着土著民族——印第安人的南美洲，却有祖传的秘方可以对付这一可怕的"幽灵"。原来他们从祖辈那里得知，当地有一种树，一旦有人染上疟疾，可以用这种树的树皮煮水喝，这样就会药到病除。他们把这种神秘的树称为"救命树"。不过，那时印第安人思想非常保守，他们立下一条秘而不宣的禁令：不准任何人向外来人泄露这个秘密；如果谁胆敢泄露，必把他当众处死。

此时，欧洲已比较发达，可是许多人愿意到南美洲去开发、创业、谋生。有一位西班牙伯爵也带着夫人来到了秘鲁，为了照顾一家人的生活，还找了一位名叫珠玛的印第安姑娘当佣人。伯爵夫人非常善良，珠玛又心灵手巧、勤快懂事，夫人与姑娘结下了深厚的友谊。

遗憾的是，伯爵夫人不幸染上了可怕的疟疾，病情日益加重，生命危在旦夕。此时，伯爵心如刀绞，眼睁睁看着夫人遭受病痛的折磨却毫无办法。珠玛也心急如焚：用祖传秘方抢救夫人吧，怕族人知道，要被杀头；不抢救吧，又对不起夫人。为了既达到救人的目的，又不让族人知道，聪明的珠玛灵机一动，在给夫人煎药时，偷偷地把树皮加了进去。不料，他的举动被伯爵发现了，伯爵误认为珠玛要加害夫人，便对姑娘严加拷问，并声言如不说实话，就打死她。夫人闻知后，马上制止了伯爵的举动，并安慰珠玛。珠玛十分感动，便把树皮能救命的秘密说了出来。伯爵夫人喝了珠玛煮的水后，病情果然很快好转，不久就痊愈了。从此以后，她们之间更是密不可分了。伯爵夫人回国时，偷偷地把这种救命的树皮带回了西班牙。

后来，这个秘密便渐渐传开了。那时，凡去南美洲创业的人，都把当地出产的这种树皮视为珍宝，回国时总要千方百计带一些回去，以便拯救欧洲成千上万的疟疾病人。

这件事在欧洲越传越广，并很快引起科学家们的重视。植物学家根据这种树的特点，把这种"救命树"命名为"鸡纳树"。19世纪初，瑞典化学家纳尤斯最先对这种神秘的树皮进行分析研究，发现其树皮、树根中含有生物碱——喹啉类化合物，这类物质具有抗疟疾的功效。后来，有的化学家又从鸡纳树中提取了两种重要的生物碱，即辛可宁碱和金鸡纳碱。金鸡纳碱又名奎宁，它是真正的抗疟疾药物。

19世纪，英国的科学技术在世界上处于领先地位。由于欧洲不具备美洲的气候条件，因此鸡纳树虽然很有用，但在欧洲却无法栽种。为了消灭疟疾，英国皇家学院便开始尝试用人工合成方法来制备奎宁等治疗疟疾病的药物。英国著名有机化学家霍夫曼让珀金承担研究这种药物的重任，珀金没有合成出奎宁，却意外地合成了苯胺紫，成了有名的合成染料的奠基人。

直到1944年，才由武德华和多灵两人，根据奎宁的结构采取分步组合的办法，经过八步反应终于完成了奎宁的全部合成工作。至此，人们在战胜疟疾方面才掌握了比较有效的武器。

然而，化学家们进一步研究发现，奎宁虽然对于恶性疟疾的疟原虫杀灭效力很高，但对于人类普通的疟疾却只能抑制、不能杀灭，而且愈后还很容易复发；另外，奎宁还有一定的副作用，用药稍多、稍久，病人往往出现头痛、耳鸣、眼花、恶心、呕吐、视力和听力减退等症状，严重者还会因血压下降、呼吸麻痹而死亡。

为此，20世纪50年代，苏联化学家又在奎宁的基础上，经过创新，研究出一些抗疟新药如扑疟喹啉、氯喹啉等。这样，医生在治疗疟疾方面才真正有了良方，基本上达到了药到病除、妙手回春的程度。

玻璃的发现、发展之路

1851年，英国维多利亚女王决定在伦敦举办第一届世界工业博览会，要求建造一个宽阔、通亮而且易建筑、易拆除的展览大厅。欧洲各国建筑师一共提出了233个设计方案，都未被采用。最后，英国一位园艺师的设计方案一举中标。该方案所用的材料是铁柱、钢梁和玻璃。这种全新结构的建筑物落成后，轰动了世界，被誉为世界第一座大型水晶宫殿。

玻璃是怎样被发现的呢？一种传说认为，玻璃首先是由腓尼基人发现的。相传4 000多年前，腓尼基人在海滩上用苏打块支锅烧饭，无意中把海滩的砂粒和苏打烧熔，制得了闪光透明的珠子，因而发现了玻璃的制法。这种传说可信度值得怀疑，因为虽然制造玻璃的原理是正确的，但条件并不具备，因为炉火产生的温度太低，不可能使苏打与砂粒烧结成玻璃。

比较可靠的说法是，人工制造玻璃是在公元前4 000年前后由陶瓷的生产引发的。据说，古代埃及陶瓷业比较发达。有一次，一位工匠无意中使一个刚制好的泥坯粘上了苏打和砂粒。泥坯烧好后，外面便形成了一层光滑的釉，这引起了人们的好奇和兴趣。后

来，人们就试着用苏打和砂子烧制光滑、透明的珠子，这就是早期制造的玻璃。

我国是世界上最早生产陶瓷的国家，因此也是最早掌握玻璃制造技术的国家之一。但是，最早进行大规模的工业化生产玻璃的还是欧洲人。清朝时，英国人赠送给慈禧太后的一些玻璃制品，在皇宫内一直当做西洋珍品保存。

玻璃主要由硅酸盐物质组成（约含75%的SiO_2），它是一种过冷的液体，这是一直沿用到今天的具有某些局限性的概念。正因为玻璃具有这样的组成与结构，因此也使它存在一个致命的缺点——易碎。由于玻璃易碎，所以不能用于制作机器或装置，也不能做头盔，甚至连一根粗棒子也不能做。长期以来人们认为，玻璃是一种没有发展前途的材料，只能由玻璃工匠进行作坊式的生产，吹制一些花瓶、酒具或其他饰物……

20世纪初，当有机化学跨过了自己发展第一个顶点、使许多合成材料不断产生时，玻璃和硅酸盐化学却几乎仍然是一块处女地，从这块处女地上所得到的收成当然也是很微薄的。从这一点来看，人们对玻璃工业的研究与开发远比塑料工业迟缓得多。

如今，许多新科技、新工艺应用到玻璃制造过程中，使玻璃成为一种很有发展前途的材料。

（1）新组合制成了微晶玻璃。电子显微镜出现后，很快被应用到研究玻璃的结构上。用电子显微镜观察发现，玻璃的结构不纯粹是过冷的液体，而且在玻璃熔融体冷却时会产生水滴状的区域，这一区域的物质与其周围的玻璃的化学成分不一样，对化学作用的稳定性也不一样。如果设法改变这些"水滴"的大小、数量和成分，便可制得化学稳定性很高的玻璃制品；分离这些"水滴"，便可实现"结晶"，制得微晶玻璃。

20世纪70年代初，在上述有关发现的基础上，美国科学家首先研制出微晶玻璃。他们在制造玻璃的配料中，采取新的组合方法，即在其中加入少量的金、银、铜等金属盐类做晶粒，诱使玻璃

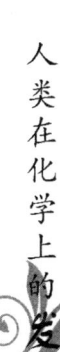

形成微小晶胞，从而制成微晶玻璃。

微晶玻璃耐高温（1 300℃才软化），耐热冲击，耐腐蚀，可以像加工普通金属一样进行钻、铣、锯、锉、铆等。它已经在汽车制造、电工、化学仪表制造及家庭用具等方面得到实际应用，还可制作特殊轴承和导弹头、雷达罩等。如果在微晶玻璃中加入感光金属盐类，还可以制成光敏微晶玻璃，这种微晶玻璃具有与照相底片一样的性能。现在广泛应用这种光敏玻璃制造印刷板、精密的印刷电路板以及每平方厘米 54 000 多个微孔的彩色电视显像管等。

（2）分解组合制成了变色玻璃。如果在玻璃的原料中加入卤化银和少量氧化铜，将混合均匀的原料经过 1 500℃高温熔融后，制成的玻璃便是一种变色玻璃。由于卤化银粒子非常小且又均匀地分布在玻璃中，因此当光线较弱时，不会妨碍光线的传入，保持着玻璃良好的透明性；当强光线照射到这种玻璃上时，卤化银就会被暂时分解成卤素和银，细微的银粒可以阻止光线的通过而使玻璃变成暗色；光线减弱时，在氧化铜的催化作用下，卤素和银又重新结合生成无色体，玻璃又恢复无色透明；如果光线是逐渐变强的，则玻璃的颜色也是逐渐加深的。

这种变色玻璃可用来制造变色眼镜和汽车玻璃等，对保护视力非常有用。另外，它还大量应用于工业、农业的有关生产部门。例如，用变色玻璃建起的温室，可以自动调节阳光的透过量，达到自动调温的目的；用变色玻璃制成的试剂瓶，可以有效地防止因阳光照射而引起的药品失效，等等。

（3）使银或铝与玻璃组合，制成了镀膜玻璃。在古代，人们往往把铜的表面打磨光滑制成铜镜，用来照见身影、整理衣冠。自从有了玻璃后，人们又创造了在玻璃上镀银、镀铝，使银膜或铝膜与玻璃复合，制成玻璃镜子。那么，银膜、铝膜是怎样镀到玻璃上的呢？

①镀银。它是根据化学中银镜反应的原理，在玻璃表面镀上一层金属银。具体方法是：取 10 份（体积）银氨溶液与 1 份（体积）葡萄糖溶液混合均匀；然后，将清洗过的玻璃片轻轻放到溶液中，

溶液由棕黑色变为棕色,最后变为透明;这时,将镀银玻璃小心取出,将玻璃一面的银膜小心用布擦去,待另一面银膜阴干后,涂上一层漆将银膜保护好。这样,便制成了美观大方的镜子。每镀 $0.4m^2$ 镜面,需镀液 300ml 左右。

②真空镀铝。随着现代化建设事业的发展,迫切需要大量的镀膜玻璃做装饰材料。为此,当今大量应用的镀膜玻璃已不是镀银玻璃,而是真空镀铝玻璃。采用真空镀铝工艺,既可以节约大量贵重的硝酸银,又可以大规模地快速生产,满足各方面的需要。

真空镀铝是在真空镀铝机中进行的。将洗涤干净的玻璃用板钳在镀铝机内挂好(两块并在一起),并将铝条装到电热丝上,关上气门阀,将镀铝机抽成真空;然后,打开电源加热,使铝气化,约 15 分钟后,关闭电源,铝就会由气态变成固态,沉积在玻璃的表面上,形成镀铝膜玻璃。

镀铝膜玻璃不但可以用于制作镜子,而且已成了现代建筑的重要装饰材料。用它做装饰材料,既美观大方、富丽堂皇,又物美价廉、经久耐用。

(4) 使激光与光纤组合,实现了光纤通信。科学家在研究二氧化硅时,发现利用纯净的二氧化硅可以制成高度透明的玻璃,利用这种玻璃抽成的玻璃丝有个奇妙的特性,即光线可以沿着纤维方向传导。这一重大发现,在通信方面开辟了一个新的领域——光纤通信。这种能够传输光线的纤维叫做光导纤维,简称光纤。

当然,光纤通信所使用的光源也不是一般光源,而是激光光源,因为激光方向性强、频率高,是进行光通信的最理想光源。

光纤一般由两层组成,里面一层称为内芯,直径一般为几十微米或几微米,比一根头发丝还要细;外面一层称为包层。为了保护光纤,包层外往往还要覆盖一层塑料。

在实际应用时,通常把千百根光纤组合在一起并加以增强处理,制成像电缆一样的光缆,这样既可以提高光纤的强度,又可以增大通信的容量。

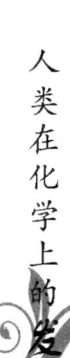